国家电网有限公司
防止柔性直流关键设备事故措施及释义

（试行）

国家电网有限公司　发布

中国电力出版社
CHINA ELECTRIC POWER PRESS

图书在版编目（CIP）数据

国家电网有限公司防止柔性直流关键设备事故措施及释义：试行 / 国家电网有限公司发布. —北京：中国电力出版社，2022.7
ISBN 978-7-5198-6869-7

Ⅰ. ①国…　Ⅱ. ①国…　Ⅲ. ①直流输电–电气设备–事故分析–中国　Ⅳ. ①TM721.1

中国版本图书馆 CIP 数据核字（2022）第 117751 号

出版发行：中国电力出版社
地　　址：北京市东城区北京站西街 19 号（邮政编码 100005）
网　　址：http://www.cepp.sgcc.com.cn
责任编辑：吴　冰（010-63412356）
责任校对：黄　蓓　王小鹏
装帧设计：张俊霞
责任印制：石　雷

印　　刷：北京瑞禾彩色印刷有限公司
版　　次：2022 年 7 月第一版
印　　次：2022 年 7 月北京第一次印刷
开　　本：787 毫米×1092 毫米　16 开本
印　　张：9.25
字　　数：166 千字
印　　数：0001—1000 册
定　　价：80.00 元

《国家电网有限公司防止柔性直流关键设备事故措施及释义（试行）》

编 委 会

前　言

柔性直流输电与传统方式相比，在孤岛供电、大规模新能源并网等方面具有较强的技术优势。自 2014 年以来，国家电网公司建成投运的四项柔直工程（舟山、厦门、渝鄂、张北）共 13 座换流站，总换流容量 22GW，正在建设中的白江工程受端低压换流器采用柔直技术。柔直系统中包含直流控制保护、换流阀、直流断路器、耗能装置等大量创新设备，拓扑结构复杂，组部件种类和数量庞大，关键组部件参数要求高，质量控制难度大。不同特性新能源机组规模化汇集、孤岛方式接入柔直系统后，系统稳定问题突出，协同控制要求高，对柔直关键设备安全可靠性提出了更高要求。

为贯彻落实国家安全生产工作要求，强化人身、电网、设备安全管理，提升柔直关键设备本质安全水平，设备部会同特高压部、国调中心等相关部门全面总结近年来柔直建设、运维经验，在 2021 年印发的《国家电网有限公司防止换流站事故措施及释义》基础上，针对柔直换流站特殊性关键设备，编制形成了《国家电网有限公司防止柔性直流关键设备事故措施及释义（试行）》。该书分为防止系统设计事故、防止换流阀（阀控系统）事故、防止控制保护设备事故、防止直流断路器事故、防止测量装置事故、防止交流侧晶闸管型耗能装置事故、防止误操作事故共 7 个章节 581 条。已征求各省公司、各有关部门的意见，具备发布条件。

执行中如有意见和建议及时反馈至国网设备部。

编　者

2022 年 6 月

目　录

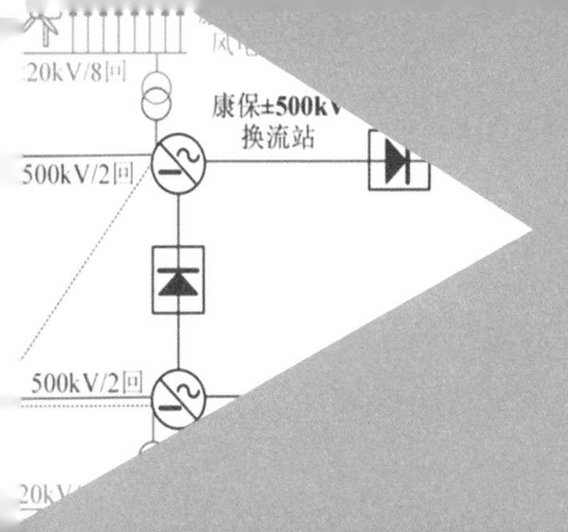

1 防止系统设计事故

1.1 规划设计阶段

1.1.1 柔性直流振荡风险分析应开展以下工作：

（1）在基建与调度部门共同确认的系统运行方式下，开展系统强度和宽频阻抗特性分析；

（2）基于换流器的控制特性分析柔性直流系统宽频阻抗特性；

（3）综合评估系统振荡风险；

（4）通过优化控制策略调节系统阻抗特性，如有必要可装设幅相校正器等设备。

1.1.2 柔性直流控制保护策略、运行方式、设备应力及联调方案应考虑系统最强与最弱运行方式，当系统运行方式突破成套设计边界条件时，应开展专题研究并提出解决措施。

1.1.3 应充分考虑对称双极柔性直流系统换流变压器阀侧交流连接线故障时电流长期无过零点的特性，需在换流变压器阀侧断路器配置分相跳闸策略，并装设满足相应要求且经过验证的特殊断路器。

1.1.4 新能源经柔性直流外送系统，在新能源场站并网前，应组织开展新能源与柔性直流运行特性和振荡专题分析，分析柔性直流的阻抗特性，针对振荡问题制定有针对性的防范措施，提出避免振荡风险的新能源并网技术要求，形成详细的分析报告。新能源场站应提供新能源机组电磁暂态模型、机电暂态模型、控制系统参数、新能源场站拓扑结构、新能源场站设备和送出线路参数等，提供新能源机组的阻抗特性，确保满足与柔性直流协调运行的技术要求，确保不引起振荡。

1.1.5 柔性直流联网换流站应设计交流侧充电功能，存在孤岛运行工况的换流站应设计直流侧充电功能，并配置相应的可控充电策略。

1.1.6　针对含多个换流器的柔性直流换流站，需设计合理的功率转带策略，并与安稳装置协调，转带功率的大小和速度应与直流系统的功率和电压调节特性相匹配，尽可能降低换流器故障后的系统功率损失，避免引发直流系统功率盈余而导致健全换流器闭锁。

1.1.7　柔性直流成套设计应考虑系统整体性能，至少包括主接线设计、主回路参数计算、运行方式研究、过电压和绝缘配合计算、暂态电流计算、接地方式和直流控制保护策略研究。

1.1.8　柔性直流成套设计应将下列数据作为主回路参数计算以及性能校验的输入条件：

（1）换流站交流母线的额定电压，稳态、极端运行电压范围；

（2）系统正常及扰动后的频率变化范围；

（3）换流站交流母线短路电流水平；

（4）故障清除时间；

（5）单相重合闸时序。

1.1.9　对于采用全桥结构的柔性直流换流阀，当换流站采用多个换流器并联或串联的接线方式时，应能通过单换流器的在线投退开展换流阀检修工作。

1.1.10　对于采用半桥结构的柔性直流换流阀，当换流站采用多个换流器并联接线方式时，除首个换流器不能在线投入，最后一个换流器不能在线退出外，应能通过单换流器的在线投退开展换流阀检修工作。

1.1.11　避雷器配置应综合考虑柔性直流换流站拓扑结构、运行可靠性、设备耐受能力以及绝缘配置成本等因素。针对对称单极柔性直流系统阀区及极母线避雷器绝缘配合和该区域差动保护配置，应考虑一极故障时另一极产生两倍过电压的特性，避免避雷器动作电流导致保护误动。

1.1.12　柔性直流工程尽量采用 3 回以上交流线路接入主网，避免采用同塔架设。针对采用 2 回及以下交流线路接入主网的柔性直流工程，应在控保装置中配置最后断路器保护功能，并配置断面失电装置。

1.1.13　柔性直流系统应避免接入存在系统短路比为 1.5 以下运行工况的有源电网，若柔性直流接入后存在系统稳定风险，宜装设系统强度判别装置，同时需校核保护灵敏度。

1.1.14　柔性直流控制系统应配置有功类、无功类控制器，以及负序电流抑制、环流抑制、功率盈余控制（如有）等功能以满足系统灵活快速响应特性等相关需求。

1.1.15　柔性直流系统控制参数的选取应综合考虑系统阶跃响应、交直流故障穿越及交直流系统频域阻抗特性等因素。

1.1.16 柔性直流系统极控或阀控中应配置振荡抑制功能，可进行参数整定，并根据系统振荡风险频段投入相应的阻尼控制器。

1.1.17 基建部门应研究确定柔性直流换流器接入后对近区短路电流水平的影响，并根据短路电流超标情况优化柔性直流控制参数，且给出交流电网短路电流计算中柔性直流换流器的处理方案。

1.1.18 为监视及预防系统振荡，柔性直流控制保护系统应配置电压谐波保护、电流谐波保护等功能。对于柔性直流系统接入新能源或弱电网等存在宽频振荡风险的情况，根据系统需求配置宽频振荡监测终端。

1.1.19 柔性直流输电系统控保设备供应商应提供与实际控保策略一致的电磁暂态仿真模型（电磁暂态仿真软件由基建部门与调度部门协商确定）。

1.1.20 针对新能源孤岛接入柔性直流系统，或者柔性直流接入弱交流系统，应根据系统需要设计功率盈余解决方案，包括配置耗能装置、控制协调配合策略、稳控装置等，满足系统的故障穿越要求。

1.2 调试验收阶段

1.2.1 控制保护联调阶段应验证柔性直流电网协控系统（如有）功能，送受端电网等值模型由基建部门与调度部门协商确定。

1.2.2 针对新能源孤岛接入柔性直流系统，或者柔性直流接入弱交流系统，条件允许情况下宜验证柔性直流与耗能装置、稳控装置的协调控制策略，具体验证方案（含送受端电网等值模型）由基建与调度等部门协商确定。

1.2.3 系统调试阶段应综合考虑电网安全，由基建与调度等部门根据工程情况协商确定适当方式验证柔性直流宽频振荡抑制策略以及交直流故障穿越能力等。

2 防止换流阀（阀控系统）事故

2.1 规划设计阶段

2.1.1 换流阀每个桥臂子模块应有足够的冗余度，子模块应采用动态冗余控制策略，以降低子模块的平均电压水平，提高安全裕度。

【释义】动态冗余控制策略：换流阀正常运行时，各桥臂不区分冗余子模块，所有子模块均参与换流阀的实际控制，若有子模块发生旁路，该桥臂子模块可用数减 1。为避免各桥臂不平衡性问题，子模块投切基准数按 6 个桥臂中子模块最小可用数取值，即子模块投切基准数=桥臂子模块总数 – 桥臂最大旁路数。

2.1.2 换流阀主通流回路连接螺栓应采取防松动措施，阀塔内主通流回路接头接触面积不应过小，接头材质所能承受载流密度应大于实际运行值，避免长期运行过程中主通流回路接头发热。设计文件中应包含接头材质、有效接触面积（不含螺栓孔面积）、载流密度、螺栓标号、力矩要求等，设计图中应包含接头形状和计算面积。

【释义】依据《导体和电器选择设计技术规定》（DL/T 5222—2005）7.1.10，阀塔内主通流回路接头接触面积不应过小，保证铝—铝接触面电流密度控制在 0.0936A/mm^2 以内，铜—铜以及铜镀银铝—铝镀锡接触面电流密度控制在 0.12A/mm^2 以内，铜铝过渡接触面电流密度控制在 0.1A/mm^2 以内，如有特殊要求以工程技术规范为准。

2.1.3 子模块中控板、驱动板、旁路开关控制板等板卡应独立供电，且供电回路应进行隔离设计，防止单一板卡电源故障影响其他板卡正常供电，扩大故障范围。所有类型的板卡应通过各级电源短路测试（主要包含中控板15V/5V电源，驱动板15V电源、旁路开关电源等）。

【释义】2020年5月14日，阜康站正极换流阀解锁运行期间，换流阀监控后台报A相上桥臂89号子模块5V电源故障，旁路成功。经检查发现中控板+15V电源的C32电容烧毁（见图2-1），低压电源出现短路保护动作，之后中控板板内的5V、15V电源以及驱动板内的电源电压开始下降。因中控板两级电压的跌落基本呈等比线性关系，且5V电源的判据更为严格（5V/4.5V基本对应15V/13.5V，未达到12.5V故障判据），从而先报出5V电源故障进而导致旁路开关闭合。此外，驱动板与中控板共用一路15V电源，未独立供电。

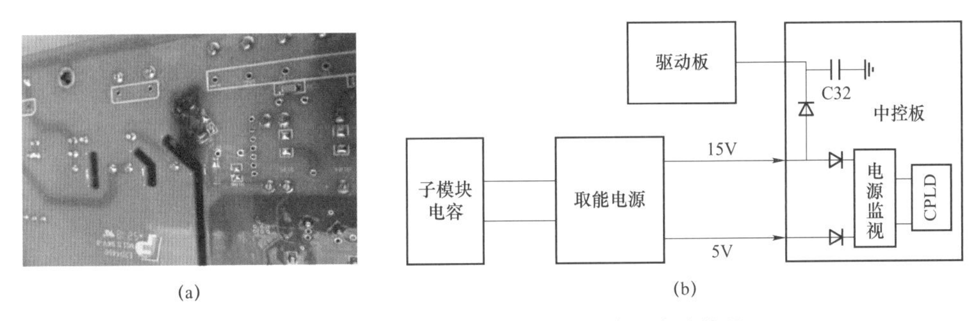

图2-1 阜康站子模块中控板15V电源电容烧毁

（a）板卡故障情况；（b）电源回路示意图

2019年8月23日，施州站单元Ⅰ渝侧换流阀解锁运行期间，换流阀监控后台报C相上桥臂3号阀塔5层3号阀段1号子模块故障、旁路拒动请求跳闸。经检查旁路开关分位，上管驱动板高压隔离单元短路故障。分析为驱动板故障导致取能电源板15V电源故障，因驱动板与中控板15V电源共用且无二极管隔离，中控板15V储能电容迅速向短路点放电，无法触发旁路开关，且旁路开关触发分合位无法及时回传阀控，导致阀控判定为旁路开关拒动并闭锁跳闸。通过在驱动板和中控板前加反向二极管进行隔离可避免该类故障，整改方案如图2-2（b）所示。

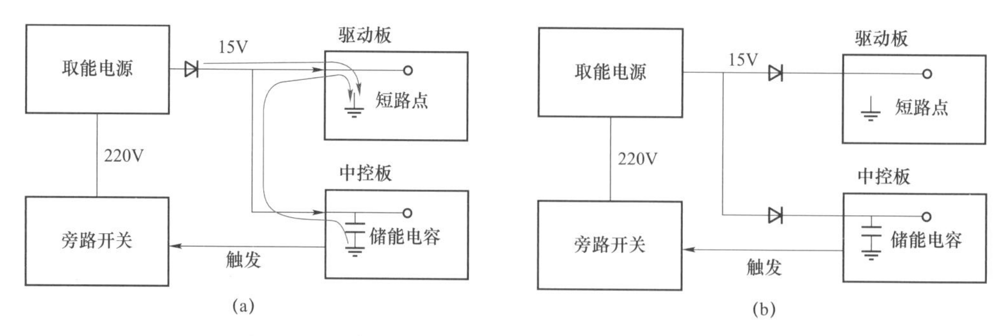

图 2-2　施州站子模块驱动板故障回路及整改方案

（a）故障放电回路；（b）电路整改方案

2.1.4　对通过相邻子模块交叉取电的子模块，两路电源回路应完全独立，不应有公共部分，防止单一电源故障导致两路电源同时失电。

【释义】2021 年 12 月 6 日，施州站单元Ⅰ渝侧换流阀解锁运行期间，换流阀监控后台报 A 相下桥臂 2 号阀塔 2 层 2 号阀段 1 号子模块故障，2s 后阀厅紫外探测器告警，随后 22min 内，相继产生 2 号阀塔漏水报警和 7 个子模块故障，现场申请紧急停运。经检查事故起因为解锁前有黑模块存在。返厂检查发现子模块电源接线松动虚接，高压电源输出 220V GND 松动断开。因相邻子模块冗余供电 220V GND 与本模块电源输出 220V GND 线共用（见图 2-3），导致自身电源和交叉冗余供电电源均无法为该子模块供电，从而形成黑模块。

(a)

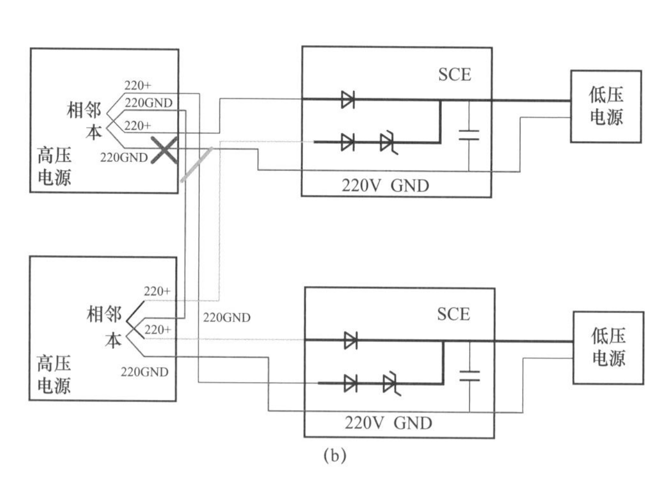

(b)

图 2-3　施州站子模块取能电源板与交叉取能电源共用 220V GND

（a）接线松动端子；（b）220V GND 线共用情况

2.1.5 取能电源板卡最高工作电压应不小于子模块最高电压的1.1倍，防止电容电压波动造成取能电源板卡输入端过压损坏，在型式试验时应对每块取能电源板卡进行最高工作电压测试。

2.1.6 取能电源板卡启动电压应比降压停运电压至少高50V，防止取能电源板卡在低压输入时工作状态不稳定。每块取能电源板卡应进行启动电压、降压停运电压测试。

【释义】启动电压：取能电源板卡输入电压上升过程中，当输出有效时对应的最低输入电压。

降压停运电压：取能电源板卡输入电压下降过程中，当输出无效时对应的最大输入电压。

2.1.7 取能电源板储能电容设计时，应考虑取能电源板卡负载情况以及故障时控制系统响应时间，保证输入电源断开后，电源板卡在退出工作前能够利用储能能量维持中控板、驱动板、旁路开关控制板正常工作。

2.1.8 取能电源板卡的输入回路应采取过流熔断措施，设置短路工况下的电流限制功能或间歇工作功能，防止取能电源板卡因过流损坏。

2.1.9 取能电源板卡输入端不应装设压敏电阻，防止因压敏电阻短路造成取能电源板卡损坏，导致子模块电容短路。

【释义】2015年11月4日，鹭岛站极1换流阀解锁运行期间，阀厅出现爆裂声，换流阀监控后台显示桥臂1分段2子模块17、桥臂4分段2子模块23、桥臂5分段3子模块17、桥臂6分段1子模块30过压故障和IGBT过流故障。

2015年11月12日，鹭岛站极2换流阀解锁运行期间，阀厅出现爆裂声，换流阀监控后台显示桥臂3分段3子模块13、桥臂3分段2子模块37过压故障和IGBT过流故障。

经检查以上2起故障均为取能电源板卡内部压敏电阻击穿，造成子模块电容短路放电。此外，压敏电阻击穿瞬间发生炸裂，在电源内部造成较大的冲击。由于小容量压敏电阻的能量吸收能力较弱，当子模块电容电压超过器件的击穿电压时，压敏电阻过热起火爆炸，造成取能电源过热烧毁。

2.1.10　中控板应具备取能电源工作状态实时监测功能，取能电源故障后应及时告警，中控板储能电容应能够支撑中控板闭锁子模块、触发旁路开关，并将旁路状态上传至阀控系统。

2.1.11　子模块电压测量应具备高精度和稳定性，电压测量用电阻温度偏移系数应控制在±1%以内，在－10～＋70℃内，在500V至中控板软件过电压保护定值区间内选取5个以上电压值进行精度测量，测量精度应在±1%以内；电压采样应增加数字滤波，中控板需逐一开展精度验证试验。

【释义】因中控板采集的是子模块电容电压，电压不会突变即 du/dt 不会很大。除了板卡硬件采样中加入合理的滤波外，程序中加入对应的滤波处理，可进一步避免个别数据错误导致过压误报等情况的发生。

2.1.12　中控板电压采集的AD转换电路应采用独立、专用电路，模拟/数字转换功能应采用独立、专用的AD芯片，不推荐集成在处理器芯片中。

【释义】2021年3月29日，阜康站正极换流阀解锁运行期间，换流阀监控后台报B相下桥臂1号阀塔4层3号阀段4号子模块故障，旁路成功。经检查为AD采样芯片故障，引起子模块电容电压采样值异常造成子模块旁路（见图2－4）。

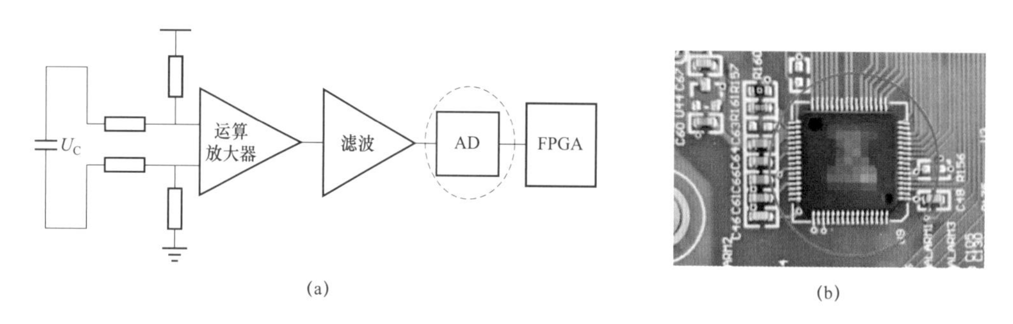

图2－4　阜康站子模块AD采样芯片故障

（a）AD采样回路示意图；（b）故障AD芯片

2.1.13　中控板采用两路AD采样时应增加校验机制，避免单一AD采样回路异常导致子模块旁路。

【释义】2019 年 12 月 13 日，中都站负极换流阀第一次充电期间，换流阀监控后台报 B 相下桥臂 1 号阀塔 3 号子模块中控板采样校验故障，旁路成功。经检查中控板中 1 路 AD 采样回路故障，引起两路 AD 采样偏差超过定值，导致子模块旁路。

2.1.14　中控板上电至稳定输出前需设置闭锁信号，并在上电稳定运行后启动自检，自检完成前不做故障判断和出口动作，避免造成误动。

2.1.15　中控板中体积较大的插装元件（电解电容等）应点胶处理，防止元器件虚接。

2.1.16　中控板应对 IGBT 驱动板不同形式的回报脉冲分别解码，并逐一定义为不同的故障报文上送阀控系统。IGBT 驱动电源正常触发后的回报、电源电压异常、过电流保护（退饱和）动作、门极欠压保护动作等信号均应通过不同的脉冲或报文向中控板上报，针对不同的工程应提前确认回报形式。

2.1.17　中控板、驱动板处理器设计阶段，在不同时钟域之间传递信号时应采取同步措施，以避免亚稳态引起传输数据错误。

【释义】2020 年 6 月 24 日～7 月 30 日，阜康站换流阀发生 3 起子模块旁路事件，经检查发现驱动反馈信号与中控板时钟匹配存在问题，反馈信号通过 I/O 进入中控板 FPGA，该信号与 FPGA 工作时钟为异步关系，软件设计中未对该信号进行同步化处理，引起驱动反馈信号与驱动故障判断模块工作时钟的时序冲突，进而造成驱动故障判断状态及工作异常，将正常驱动反馈信号识别为直通短路信号，且直接出口驱动短路故障（见图 2-5）。

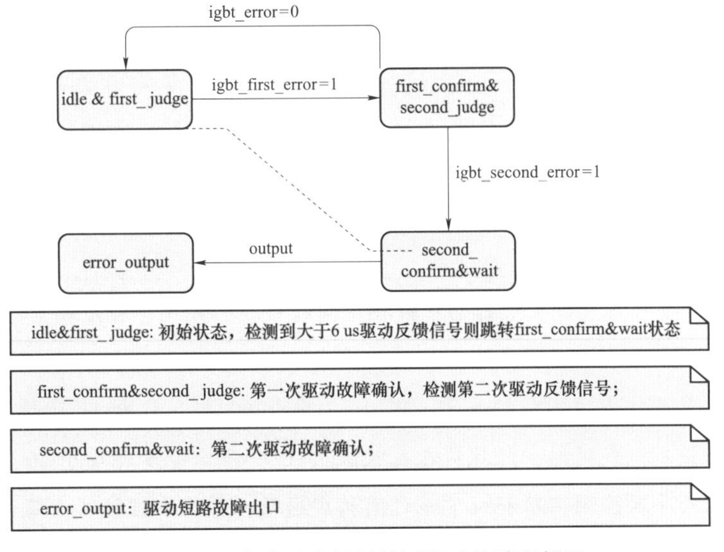

图 2-5　阜康站中控板检测驱动故障逻辑图

2.1.18　各换流阀厂家在设计冻结阶段应提供中控板、驱动板等板卡控制参数和保护定值清单，型式试验结束后对清单进行更新。

2.1.19　子模块应具备硬件过电压保护功能，保证 AD 采集芯片、主控芯片故障条件下仍能可靠驱动旁路开关动作。

2.1.20　驱动板静态有源钳位保护的动作定值应小于 IGBT 器件的额定电压。

【释义】有源钳位保护：当 IGBT C－E 两端电压达到有源钳位 TVS 管动作值，TVS 管漏电流会给 IGBT 门极电容充电，直至触发 IGBT 导通（见图 2－6）。

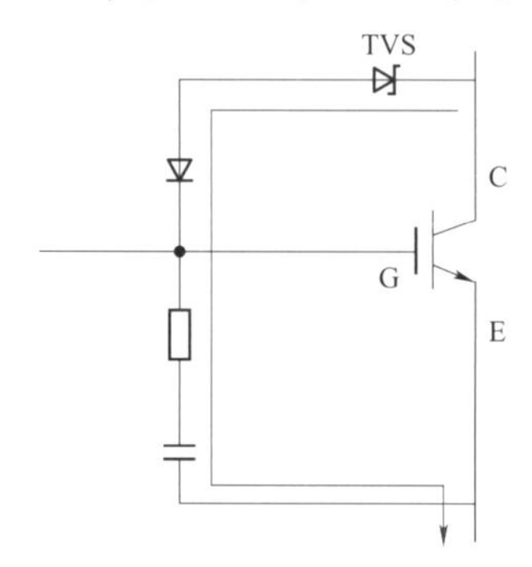

图 2－6　静态有源钳位保护电路

2.1.21　驱动板门极钳位功能动作定值应低于门极最高工作电压。

2.1.22　旁路开关的线圈控制单元、辅助接点等可能导致旁路开关拒动或误动的元件宜冗余配置，以防旁路开关误动或拒动。

2.1.23　旁路开关的检测回路接线端子排之间应做好隔离，防止异物搭接导致中控板误判旁路开关分合位。旁路开关二次回路设计时应避免将两副接点紧靠排列，可采用中间增设空端子的方式避免异物搭接的可能，安装插头前应确保插头清洁无异物附着。

【释义】2020 年 6 月 9 日，中都站正极换流阀解锁运行期间，换流阀监控后台报 A 相上桥臂 1 号阀塔 72 号子模块旁路开关误合，旁路成功。返厂分析后发现，旁路开关的二次回路两副常开接点之间阻抗异常（图 2－7 中引脚 10 和引脚 11 阻抗测量值在 30k 左右，理论上没有电气连接，阻抗应在兆欧级），进一步检查发现端子 10、11 之间存在异物附着，从而导致检测回路和板卡地之间构成通路，影响中控板对旁路开关分合位的判断，导致中控板误判为合位。

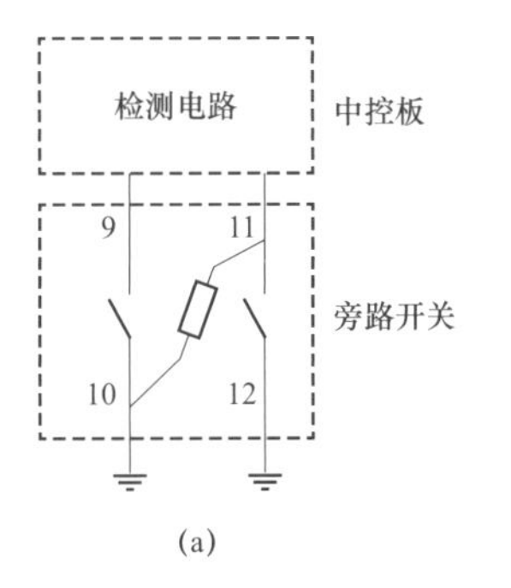

(a)

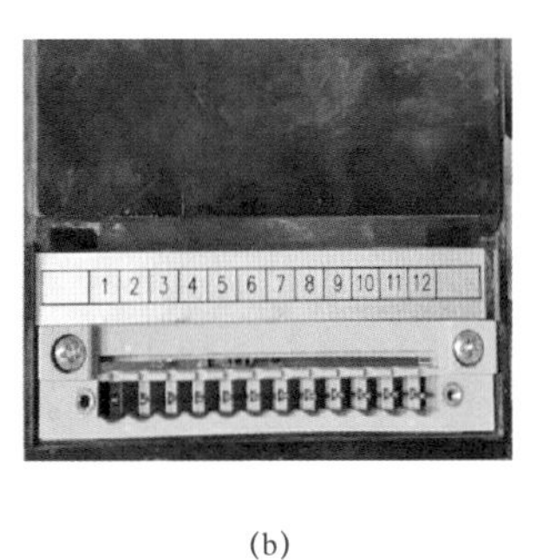

(b)

图 2-7 中都站故障子模块检测回路异物搭接

（a）故障回路；（b）检测回路接线端子排

2.1.24 旁路开关的辅助接点若为常闭接点，宜将触头设计为多点接触以增加触头的接触数量，或接点采用冗余配置，从而降低因接触不良导致旁路开关分合位误判的风险。

【释义】2020 年 7 月 7 日，延庆站负极换流阀在解锁运行期间，换流阀监控后台报 C 相下桥臂 1 号阀塔 1 层 5 号阀段 2 号子模块旁路开关误合，旁路成功。经检查为辅助接点有絮状物导致接触电阻不稳定引起中控板误判为合位（见图 2-8）。

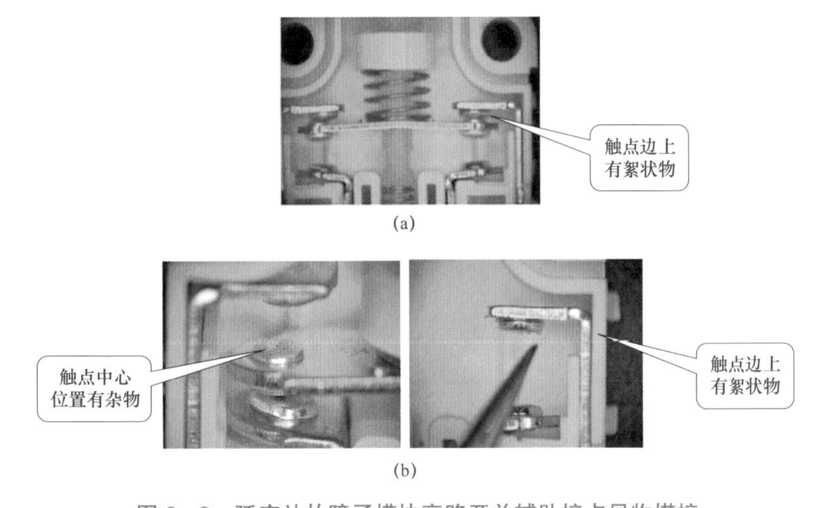

图 2-8 延庆站故障子模块旁路开关辅助接点异物搭接

（a）辅助接点情况（10 倍放大）；（b）辅助接点情况（50 倍放大）

2.1.25 旁路开关储能电容与中控板应采取强、弱电隔离设计。

【释义】旁路开关动作过程中，储能电容中将流过大电流，可能对板卡弱电部分产生电磁干扰，因此旁路开关控制板储能电容应与中控板独立。

2.1.26　子模块电容器电容值偏差应为正偏差，偏差值应控制在额定设计值的 5% 以内。

2.1.27　应合理选择子模块电容器基膜厚度及串联结构，宜采用内双串结构的金属化聚丙烯薄膜，设计场强宜低于 260V/μm。

2.1.28　子模块正负极母排间距应满足绝缘设计要求，直流绝缘电压等级不低于器件额定电压的 1.5 倍，宜采用绝缘包覆、加固母排形式，母排表面包覆完整并具有一定的抗形变能力，确保不因异物或湿度增大等原因导致母排内部放电。

【释义】2019 年 7 月 18 日至 8 月 5 日，浦园站 1 号换流阀运行期间出现因白蚁导致子模块电容前端母排短路的情况，造成多个子模块 IGBT 过流旁路。

2021 年 7～8 月，延庆站因子模块电容母排和晶闸管处放电（见图 2–9），连续造成 10 多个子模块旁路。

(a)

图 2–9　延庆站子模块母排放电情况（一）

(a) 晶闸管处放电情况

(b)

图 2-9 延庆站子模块母排放电情况（二）

（b）电容母排处放电情况

2021 年 6 月 28 日，延庆站负极换流阀解锁运行期间，换流阀监控后台报 A 相上桥臂 1 号塔 3 层 6 号阀段 2 号子模块上管驱动过流Ⅱ段保护，旁路成功。同时临近 3 号子模块发生上管驱动过流Ⅱ段保护，旁路成功。经检查 2 号子模块晶闸管正负极间有明显放电痕迹（见图 2-10），放电点均在金属表面，返厂检查 IGBT 完好，分析为异物导致中间散热器与母排击穿形成短路通流，且 IGBT 可靠保护关断，其相邻 3 号子模块应受到放电影响发生过流旁路。

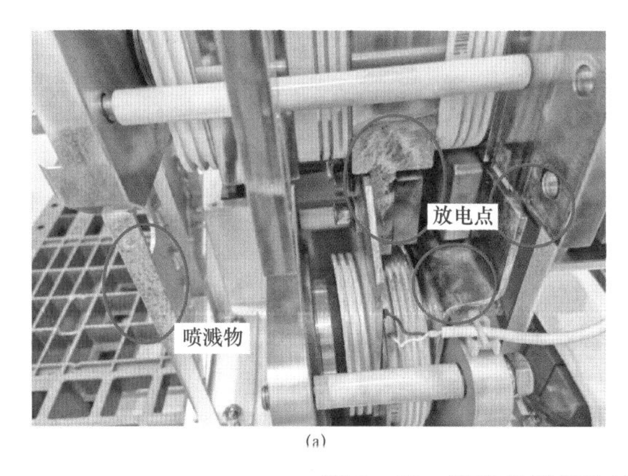

(a)

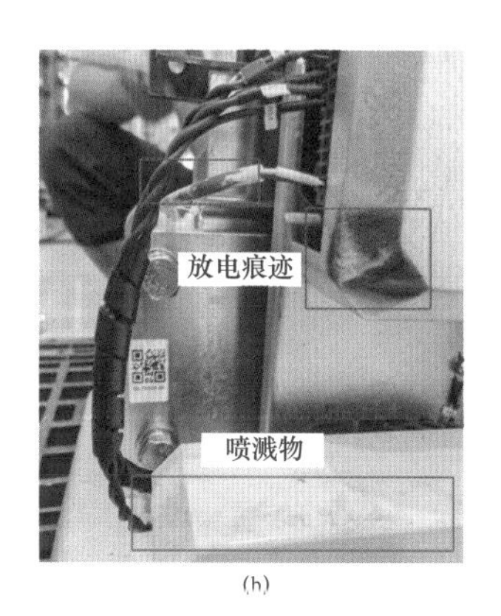

(b)

图 2-10 延庆站子模块放电情况

（a）2 号子模块放电情况；（b）3 号子模块受放电影响情况

2.1.29 子模块布局应遵循一次和二次元器件分区布置、一次线和二次线分开走线的原则，屏蔽一次电路对二次控制回路可能产生的干扰。

2.1.30　子模块一次线和二次线应采用耐受一次本体稳态、暂态电压的高压导线，避免导线与一次本体接触造成绝缘击穿放电。

2.1.31　子模块导线穿孔位置应杜绝金属件锐边设计，采用橡胶护线环进行有效防护，避免导线绝缘层损坏。

【释义】2018 年 1 月 27 日，渝鄂±420kV 柔性直流输电工程宜昌站单元Ⅱ换流阀型式试验期间，后台监控报子模块旁路，旁路成功。现场检查发现该子模块 IGBT 发生炸裂。原因为下管 IGBT 器件 C 极线与屏蔽外壳接触处发生短接，杂散电感急剧增大，IGBT 关断电压尖峰过大，导致上管 IGBT 器件过压击穿；过压击穿的器件首先表现为短路，下管 IGBT 集射极电压产生很高的 du/dt，使得结电容 C_{CG} 和 C_{GE} 快速充放电，门极电压被抬高，下管被动导通。两个 IGBT 先后呈现短路状态，形成电容直通放电回路，IGBT 无法关断并发生爆炸（见图 2－11）。

(a)

(b)

(c)

(d)

图 2－11　宜昌站单元Ⅱ子模块导线割伤导致 IGBT 炸裂

（a）上管 IGBT；（b）下管 IGBT；（c）导线割伤情况；（d）增加防护措施

2.1.32　子模块功率半导体器件散热器组件分支水管的连接宜选用螺纹方式，避免使用双头螺柱。

2.1.33　子模块设计应采取防爆措施，防止因 IGBT 等功率器件炸裂引起水管破裂或子模块相关部件脱落飞溅造成其他子模块故障。新建工程应采用包括但不限于如下措施：

（1）增加散热器固定强度，将铸铝材质的顶盖板改为铸钢材质，同时增大模块顶盖板固定螺栓规格；

（2）增加水管柔韧性，通过增加短接水管高度增加短接水管左右拉扯变形时的位移量；

（3）将水管布置于子模块爆炸后不易触碰到的位置。

【释义】2015 年 12 月 12 日，浦园站换流阀解锁运行期间发生 1 起因子模块爆裂导致支路水管断裂，引起冷却水泄漏跳闸事件。

2016 年 3 月～2017 年 9 月，鹭岛站换流阀解锁运行期间发生 4 起因子模块爆裂导致的支路水管断裂，引起冷却水泄漏跳闸事件。

2017 年 9 月 21 日，鹭岛站 1 号换流阀解锁运行期间 C 相下桥臂 010906 号子模块爆裂，前封板掉落造成上下层子模块短路放电，引起 19 个子模块旁路，导致换流阀闭锁。

2020 年 10 月 11 日，延庆站负极换流阀解锁运行期间，换流阀监控后台报 A 相下桥臂 1 号塔 3 层阀段 5 子模块 3 报下管驱动过电流Ⅱ段保护动作，旁路成功。同时引起临近一子模块驱动过流Ⅱ段保护动作，未旁路。经检查在均压电阻处 5 根导线烧蚀、中控板和取能电源板部分电路损坏（见图 2－12）。推测原因为均压电阻固定螺钉和出线螺钉被异物短接，导线烧蚀过程中飞溅金属丝对临近子模块造成短暂短接形成过流。

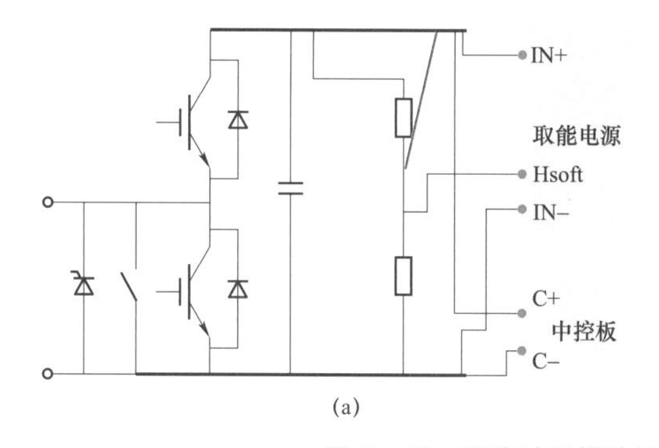

(a)

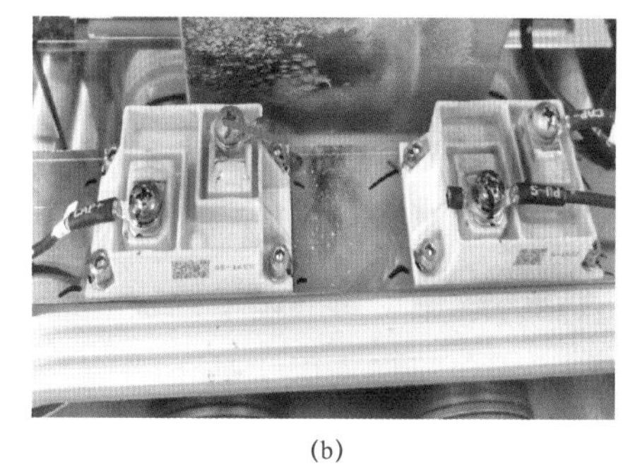

(b)

图 2－12　延庆站子模块均压电阻回路接线烧蚀

（a）异物短接示意图；（b）均压电阻回路接线烧蚀情况

2021 年 12 月 6 日，施州站单元Ⅰ渝侧换流阀解锁运行期间，换流阀监控后台报 A 相下桥臂 2 号阀塔 2 层 2 号阀段 2 号子模块故障，2s 后阀厅紫外探测器告警，随后 22min 内，相继产生 A 相下桥臂 2 号阀塔漏水报警和 7 个子模块故障。经检查事故起因为解锁前有黑模块存在，导致解锁后子模块过压击穿放电，同时因子模块防爆措施不完善，子模块击穿放电过程中引起水管爆裂（见图 2－13），导致其他子模块旁路。

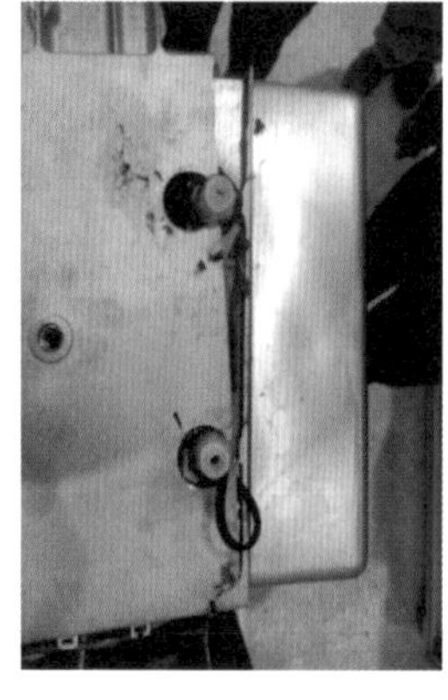

（a）

（b）

图 2-13　施州站子模块因过压导致炸裂

（a）散热器进出水位置爆裂情况；（b）IGBT 碎片

2.1.34　应合理设置子模块旁路机制，避免轻微故障（如子模块监测温度过高、子模块版本校验错误等）导致子模块旁路。

【释义】2020 年 10 月 17 日、2021 年 12 月 30 日，中都站负极换流阀发生 2 起因子模块温度传感器采集异常引起子模块中控板误判子模块温度过高导致的旁路故障。

2020 年 12 月 29 日，中都站负极换流阀充电过程中，换流阀监控后台报 102 号子模块版本校验错误，子模块旁路成功。

2.1.35　为避免频繁出现子模块通信故障、驱动故障、取能电源故障等问题，新建工程应采用包括但不限于如下措施：

（1）采用交叉供电或冗余供电模式，提高取能电源的可靠性；

（2）采用阀塔本地通信组网或同时具备通过相邻子模块下发旁路开关闭合命令，保证通信冗余；

（3）增加阀控与子模块间冗余控制通道等。

2.1.36　阀塔均压环、屏蔽罩、光纤桥架等跨度较大的金属构件，其等电位点应采用单点金属连接，如其等电位点与安装位置之间的电压跨度较大，应充分考虑金属构件边缘与相邻设备的绝缘裕度，防止因异物或安装误差导致绝缘裕度不足而放电。

【释义】2019 年 8 月 27 日，鹭岛站极Ⅱ换流阀因异物引起阀塔底部均压环与阀塔侧面光纤桥架绝缘距离不足放电，导致整个阀段 6 个子模块均旁路。

2.1.37 新建工程阀塔不应采用内部气体绝缘结构的支柱绝缘子。

【释义】2020 年 4 月 12 日，康巴诺尔站正极换流阀充电过程中，交流充电电阻过流保护动作跳闸。经分析可能为 B 相换流阀上桥臂出现接地故障，导致中性线出现 60A 电流，且 B 相上桥臂 4 号阀塔及 B 相下桥臂阀塔子模块电容电压一直为 0，造成充电电流衰减过慢，使充电电阻过电流保护动作。通过对故障阀塔支柱绝缘子进行耐压试验，确定问题为阀塔第三根支柱绝缘子绝缘破坏，对故障支柱绝缘子进行解剖，发现支柱绝缘子内未充入氮气，导致绝缘失效。

2.1.38 应合理设置水管布置方式，避免水管直接接触或在振动作用下接触阀塔内其他水管或物体，避免长期振动导致水管磨损漏水。分支水管有交叉、重叠时，应分别采取保护措施，防止互相磨损漏水。

2.1.39 阀塔主水管应采用对称固定方式，避免不对称固定引起受力不均，造成水管损坏漏水。

2.1.40 阀塔水管宜采用一体化设计，应最大限度减少水管接头的数量，优先选用大管径冷却管路。

2.1.41 阀塔主水管连接应优先选用法兰连接，选用性能优良的密封垫圈，法兰连接处应可靠密封，在冷却水正常运行及加压试验时不能出现渗漏。

2.1.42 冷却水容器、管道和法兰中与冷却水接触的部位均应采用 316L 或 304L 不锈钢材料、PPR 等化学性能稳定的材质制作，避免因接触液体的材质过度析出而污染水质。

2.1.43 阀塔冷却水管接头设计时宜避开屏蔽罩或均压环的遮挡，便于后期检查维护。

2.1.44 阀塔冷却水管路系统高点应设置排气装置，低点应有排水设施，以便子模块更换、阀塔检修等。

2.1.45 阀塔顶部排气阀的材质、结构、等电位线等应满足阀塔绝缘设计要求，确保排气阀在打开、关闭等状态下均不会发生放电现象。

【释义】2020年5月19日，施州站单元Ⅱ阀厅紫外13号探测器告警，运行人员通过工业电视检查发现关闭的手动球阀内部间歇性放电（见图2-14）。经分析其原因为手动球阀关闭后，将末端排气水管分隔为两个部分，即手动球阀上部的排气阀部分和手动球阀下部的冷却水回路部分。由于施州站排气阀为金属材质，且与均压环相连，造成排气阀与手动球阀下部冷却水存在很大电位差，导致球阀阀芯处产生局部集中电场，发生间歇性放电，造成阀芯损伤。

(a)

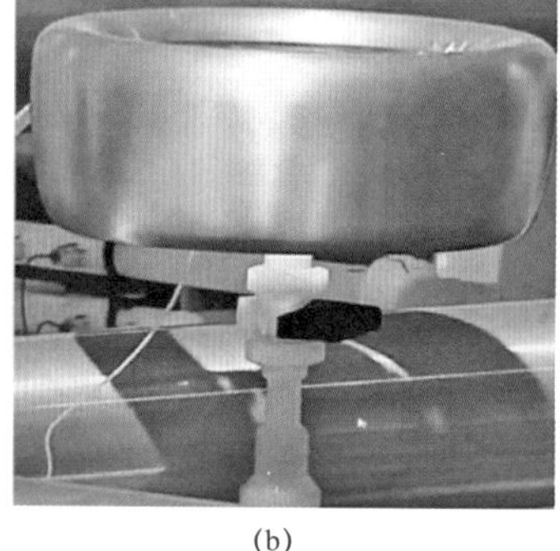

(b)

(c)

图2-14　施州站阀塔球阀放电情况

（a）排气阀；（b）球阀阀芯处放电情况；（c）球阀阀芯放电灼烧损伤情况

2.1.46　均压电极的选材、设计应满足安装结构简单、布置方向能避免密封圈腐蚀的要求，不应采用电镀工艺。电极应满足长期运行过程中不发生严重腐蚀、断裂等要求，安装前应提供使用寿命和材质检测报告。

【释义】施州站换流阀均压电极材质为镀铂材质，存在结垢腐蚀情况，一旦结晶及脱落物增多，可能导致内冷水过滤器堵塞及电位钳制能力下降，造成阀塔放电，损坏换流阀设备。

2.1.47　阀塔漏水检测装置应有防止异物进入的措施，避免漏水检测装置拒动或误动。

【释义】2020 年 11 月 24 日，施州站换流阀解锁运行期间，换流阀监控后台频发 B 相上桥臂 1 号阀塔漏水报警动作、复归。检查发现有异物进入该阀塔的漏水检测装置的积水装置，导致浮子位置不在正中央，频发报警。

2.1.48 阀塔漏水检测装置动作应投报警，阀控后台报文应能准确报出漏水的阀塔编号。

2.1.49 阀控系统应实现完全冗余配置，阀控机箱内除接口屏接口板和背板外，其他板卡应能够在换流阀不停运的情况下进行故障处理。

【释义】白鹤滩—江苏±800kV 特高压直流输电线路工程（简称白江工程）之前的工程，阀控与子模块之间没有冗余控制通道，接口屏接口板和背板不具备在线更换能力。白江工程开始阀控具备子模块冗余控制通道，接口屏接口板和背板（除普瑞白江工程共用背板）可在线更换（见图 2–15）。

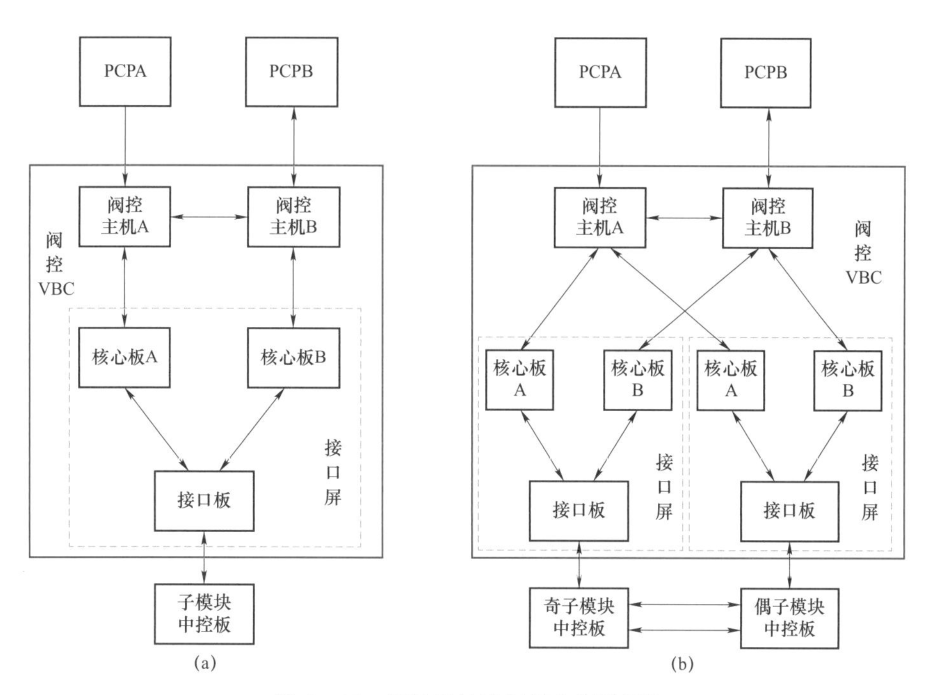

图 2–15 阀控系统控制部分典型架构

（a）白江工程之前；（b）白江工程开始

2.1.50　每套阀控系统应由两路完全独立的电源同时供电，工作电源与信号电源应分开，一路电源失电，不影响阀控系统工作。

【释义】 施州站阀控系统接口屏接口机箱配置一块电源板卡，双电源回路均位于该板卡上。当单套电源故障时，只能申请停运进行更换。

2021 年 9 月 15 日，舟衢站换流阀解锁运行期间，阀控主机装置电源板异常导致阀控主机不断重启后换流阀闭锁。经检查该电源板电源芯片焊接异常，同时因电源板单套配置，并采用单电源供电设计，导致电源板卡故障情况下两套阀控系统不可用引起换流阀闭锁。

2.1.51　阀控系统应具有电源状态监视报警功能，单路电源中模块故障或外部失压等引起电源故障时应提供后台告警。

2.1.52　阀控系统电源应保证装置在供电电压短时受干扰骤降、跌落时能够正常工作，电源抗电压干扰能力应满足技术规范书要求。

【释义】 2017 年 10 月，舟泗站换流阀解锁运行期间 A 相上桥臂 2 号阀塔某一阀段的 5 个子模块全部旁路。经检查该阀段子模块对应连接同一块接口板，因接口板卡中逻辑回路到光头共用部分回路采用单电源设计，电源供电电压扰动骤降时导致接口板多路光纤通路存在异常，引发子模块旁路。

2.1.53　两套阀控系统的跳闸信号回路应彼此独立，不应有共用部分，防止单一故障导致直流闭锁。

2.1.54　阀控系统板卡及插件应具有完善的自检功能，在主用及备用状态均能上送告警信号。

2.1.55　阀控系统接口屏每套系统应具备两路独立供电回路。接口板可同时接收运行、备用阀控系统的指令，但只执行运行阀控系统的控制保护命令。阀控系统除了最终与子模块连接的光纤、光模块及硬件选择电路外需实现双重化配置。

【释义】 某工程接口屏接口板对于控制命令选择执行运行系统，对于保护命令阀控快速闭锁命令运行系统和备用系统都执行。某一次备用阀控主机接收合并单元的桥臂电流

始终为固定值且合并单元未置位品质异常，在功率升降过程中备用阀控系统报阀差动保护动作并出口跳闸，程序修改后保护命令仅执行运行系统命令。

2.1.56 若阀控系统与子模块间不具备冗余通信通道，阀控系统单个接口板控制的子模块个数应低于子模块冗余数，避免单一板卡故障导致直流闭锁。

2.1.57 阀控系统板卡的处理器标称最大运行主频应大于实际程序逻辑运行的最大主频，并留有一定裕度，在达到工程设计使用寿命时处理器频率仍能满足正常运行要求。

【释义】2021 年 4 月 8 日～8 月 14 日，宜昌站发生 3 起阀控接口屏接口板与核心板通信故障事件。经分析，原因为阀控接口板采用 –LAXP2 – 8E 型号的 FPGA 芯片作为处理芯片，其最大运行主频不超过 161MHz，由于程序中时序逻辑和组合逻辑的存在，会使用较多的寄存器，将导致逻辑资源稳定运行的最大主频减小至 125MHz。因接口板通信程序设计中采用了 160MHz 主时钟并使用了大量的组合逻辑，此时逻辑资源可能无法在 160MHz 长期稳定运行，出现时序违规的风险，进而导致数据错误，CRC 检验失败后形成通信故障。

2.1.58 新建工程极或换流器控制系统链路延时（由测量设备采样环节开始到极或换流器控制系统调制波发出所需要的时间）应不超过 150μs；阀控系统链路延时（从阀控接收到极或换流器控制系统发的指令到 IGBT 功率器件执行完成的时间）应不超过 50μs。

【释义】柔性直流、新能源等电力电子装备因控制系统链路延时等固有特性引起部分频段呈现负阻尼，从而造成小扰动不断放大，出现振荡现象。

2018 年 12 月 14 日，渝鄂工程施州站单元Ⅰ鄂侧 OLT 试验过程中，在换流阀解锁后直流电压上升过程中柔性直流与交流系统出现高频谐波现象，谐波主导频率为 1800Hz。2018 年 12 月 17 日，施州站单元Ⅱ渝侧 OLT 试验过程中，在换流阀解锁后直流电压上升过程中柔性直流与交流系统出现高频谐波现象，谐波主导频率为 700Hz。

2020 年 4 月 30 日，张北工程康巴诺尔站双极孤岛带空母线运行期间，出现 3410Hz 高频振荡。在不同母线组合方式下，出现 3410～4250Hz 振荡。2020 年 12 月 24 日，康巴诺尔站负极带220kV交流进线，出现1550Hz高频振荡。在不同交流线路和新能源场站组合下，出现650～1550Hz振荡。

2.1.59 阀控系统与极或换流器控制系统间接口应采用标准化接口设计，采用一对一连接方式，阀控主从系统状态跟随对应的极或换流器控制系统。

2.1.60 阀控系统作为极或换流器控制系统的子系统，应将请求跳闸（Trip）、阀控不可用（VBC_NOT_OK）等重要信号上送极或换流器控制系统，同时阀监视服务器需将故障信息送至控制保护SCADA系统。

2.1.61 阀控同一系统不同桥臂控制单元应采用同一时钟，阀控系统时钟与极或换流器控制系统保持同步，极或换流器控制系统A/B系统之间时钟偏差应不超过一个控制周期。

2.1.62 阀控与极或换流器控制系统之间应设置同步机制，极或换流器控制系统控制周期与阀控系统控制周期呈整数倍关系。

【释义】厦门工程调试初期，换流阀解锁后，无功功率存在周期为2～3s，振幅为10Mvar的周期性振荡。分析由PCP与VBC的晶振存在细微差异，引起系统不同步。PCP控制周期为100μs，VBC控制周期为125μs，因此在500μs内，PCP经过5个控制周期，VBC经过4个控制周期，造成PCP与VBC不同步。通过修改VBC程序，提出定期外部中断的策略，每500μs VBC与PCP同步一次，采用PCP下发数据来开始VBC的新周期，从而消除晶振累计误差，解决无功功率振荡问题。

2.1.63 阀控A/B系统间应对相关重要信息（主从信息、旁路信息、顺控状态、环流抑制控制等信息）进行同步，并以主系统信息为主。

【释义】2020年5月9日，康巴诺尔站模拟PCP与VBC下行通道故障试验，进行第一次试验时系统正常切换（A系统切至B系统），在进行第二次试验时（B系统切至A系统），阀控正常切换22s后PCP报阀侧交流差动保护I段C相动作，正极闭锁。经分析阀控系统利用参考波进行锁相，因A/B系统未同步锁相输出，导致积分环节饱和，引起桥臂电流异常。

2020年6月4～8日，康巴诺尔站在换流阀闭锁放电过程中，阀控备用系统出现3次VBC_OK信号短时消失，导致阀控系统由备用状态转为退出状态又恢复备用状态，经分析换流阀闭锁后，阀控系统会对旁路子模块列表进行重新排序，并对 A、B 系统的列表进行相互比较。目前的阀控程序中，上述排序和比较逻辑存在不完善之处，有可能在列表重新排序尚未完成时触发列表互校机制，导致阀控系统误判 A、B 系统旁路子模块列表不一致，在备用系统中触发紧急故障。列表重新排序完成后，阀控 A、B 系统列表恢复一致，紧急故障消失。

2.1.64 阀控系统同主时后主为主，同从时出口跳闸。仅在主从命令发生变化时执行主从状态判定，保证出现双主时，系统只执行一次“同主时后主为主”的逻辑切换。

【释义】 同主时后主为主即阀控系统接收到主用系统/备用系统信号同时为主用的时间超时时，视为系统主从状态异常，并将后变为主用的系统作为实际主用系统继续运行。同从时出口跳闸即阀控系统接收到主用系统/备用系统信号同时为备用的时间超时时，视为系统主从状态异常，阀控系统请求极控跳闸。

2015 年 11 月 30 日，鹭岛站在阀控双主测试时，拔掉 PCP A/ B 之间同步光纤，系统运行平稳没有扰动，在恢复时直流系统出现较大的扰动，直流电压阶跃量达到 50kV。经分析当出现双主时，阀控程序会反复执行“同主时后主为主”的切换，因阀控控制周期为主从切换周期的整数倍，导致阀控系统按原值班系统执行出口。修改阀控程序当主从命令发生变化时才执行主从状态判定，保证出现双主时，系统只执行一次“同主时后主为主”的逻辑切换。

2015 年 11 月 24 日，舟洋站 PCPA 报系统监视紧急故障出现，阀控 A 同主信号出现，PCP 和阀控主备系统切换之后，舟洋站 PCPA 套发跳闸命令，舟定站、舟洋站两端停运。经分析针对同主出现时为跳闸策略，对舟泗和舟洋两站阀控程序进行升级，增强阀控切换时同主判断的延时，并采取同主时后主为主策略，避免发生同主出口跳闸。

2.1.65 阀控系统与极或换流器控制系统、子模块中控板之间的通信应具备容错机制，容错机制应考虑设备运行工况下的干扰，避免通信故障校验次数太少或判断时间过短导致子模块旁路、换流阀闭锁。

【释义】2017 年 5 月 24 日，舟泗站换流解锁运行期间，OWS 后台报 PCPB 5 号插件的第一根光纤数据帧错误、阀控 B 系统多次报换流阀解锁、闭锁，1ms 后恢复正常。经检查阀控与极控通信故障的校验次数设置太少（原先 1 次现改为 5 次），进而导致阀控报与极控的 IEC 60044－8 接口通信故障。

2020 年 6 月 6 日，康巴诺尔站换流阀解锁运行期间，换流阀监控后台报阀控系统 VBC_NOT_OK，随后信号自动复归。经分析原因为阀控设备板卡上的 FPGA 与 DSP 通过数据总线传输信号，通信故障的校验次数设置太少（原先大于等于 2 次现改为大于等于 4 次），在受到干扰时会报出 VBC_NOT _OK 信号。

2019～2021 年张北工程调试期间，康巴诺尔站因中控板通信中断连判时间太短，导致子模块旁路数共计 18 例。经程序升级后将原有判定通信中断的窗口定值由 50us 延长至 1ms，同时当中控板与驱动板通信中断时，由子模块驱动板将上管关断、下管导通，直至中控板与驱动板通信恢复正常。期间若发生 BIGT 故障、电容器故障等问题，中控板仍能够通过旁路开关控制板触发旁路开关动作。

2.1.66 应合理设置阀控不可用（VBC_NOT_OK）的故障类型，针对阀控主机、阀控接口屏核心板硬件故障，阀控主机与极或换流器控制系统主机、阀控主机与阀控接口屏核心板间通信故障等影响阀控系统正常工作的软硬件故障应设置为阀控不可用；针对环流过流等仅用作监视的功能、阀控接口屏背板与接口板之间通信异常后仅影响冗余数量范围内子模块的故障等应及时告警，不应设置阀控系统不可用。

【释义】2021 年 3 月 3 日，舟洋站功率由 60MW 调至 80MW 过程中，换流阀监控后台报 A、B、C 三相环流均过流，阀控请求跳闸。经检查程序设计将环流过流与阀控自检关联，环流过流有效则阀控自检异常。因 A/B 系统均报环流过流，造成 A/B 系统均自检异常引起两套阀控系统不可用，导致系统跳闸。

2021 年 11 月 11 日，宜昌站单元Ⅱ流阀停运转冷备过程中，换流阀监控系统报两套阀控系统不可用，请求跳闸。经分析在系统运行和停运期间，阀控系统针对子模块接口板背板通信故障等级划分不同。在运行期间，接口板背板通道通信故障报轻微故障，在停运后提升故障等级置阀控不可用。

2.1.67　当运行阀控系统发生阀控不可用（VBC_NOT_OK）故障时，应请求极或换流器控制系统切换系统。

2.1.68　阀控主备系统同时处于工作状态，在桥臂电流异常时能够进行系统切换，避免因单一通道桥臂电流测量异常导致子模块连续旁路。

【释义】2021 年 1 月 31 日，康巴诺尔站正极换流阀解锁运行期间，换流阀监控后台报过多子模块同时故障，阀控 B 系统请求跳闸。经检查本次故障直接原因为电流测量通道异常导致系统跳闸，在该工况下阀控无法正确识别故障，未及时请求切换系统，从而使子模块一直充电导致过压旁路，引起跳闸。现场检查发现，阀控用的光 CT 本体一个测量通道的同轴电缆接线松弛，导致测量数据错误，松弛部位如图 2－16 所示。

图 2－16　康巴诺尔站故障 CT 同轴电缆接线松弛

2021 年 12 月 4 日，施州站单元Ⅱ鄂侧换流阀 OLT 试验过程中，换流阀监控后台报 C 相下桥臂 31 个子模块过压故障告警，旁路成功。经检查 C 相下桥臂的电流采样异常，导致子模块均压功能紊乱，部分子模块过压旁路。对光 CT 电阻盒同轴线缆接头进行检查，发现同轴头靠近电阻盒侧的母头金属片有被撑大的现象，通过放大镜检查金属片的两半已经分开，如图 2－17 所示。

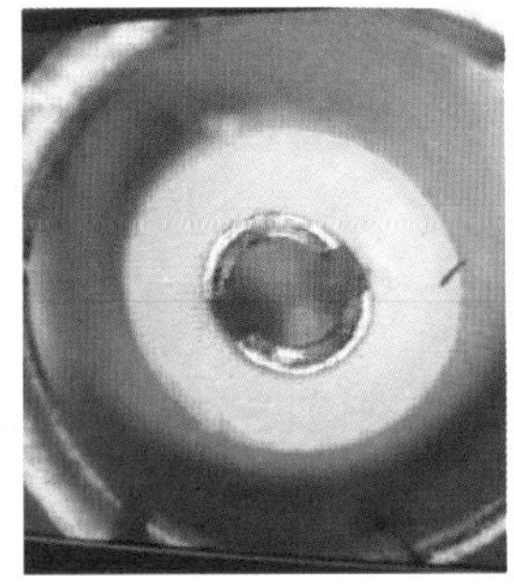

图 2－17　施州站光 CT 同轴线缆接头金属片被撑大

2.1.69　阀控与子模块之间宜采用冗余控制通道配置，冗余控制通道间不应有接口板、背板等共用部分。若阀控系统与子模块之间不存在冗余控制通道，当接口板与核心板双套通信故障时，子模块应能直接旁路，且不应导致两套阀控系统不可用；接口板与核心板单套通信故障时，阀控可执行切系统或按运行系统出口旁路。

【释义】2019年10月19日，施州站换流阀解锁运行期间，换流阀监控后台报接口屏接口板与核心板通信故障，阀控不可用并请求极控切系统。因接口板无法在线更换，考虑长时间单系统运行存在安全隐患，需申请直流停运进行故障处理。对阀控程序升级后：当检测到接口板与核心板通信故障时，旁路子模块策略。

2.1.70　阀控系统应根据柔性直流系统不同运行阶段，制订相应的子模块上行通信故障响应逻辑，避免通信故障问题造成柔性直流系统强迫停运。在不控充电阶段阀控与子模块上行通信均无法建立时，阀控系统应判断为“黑模块”，禁止换流阀解锁；在可控充电及后续阶段阀控与子模块上行通信均无法建立时，阀控系统不宜判断为“黑模块”，仅下发旁路指令。

【释义】2021年12月6日，施州站单元Ⅰ渝侧换流阀解锁运行期间，换流阀监控后台报A相下桥臂2号阀塔2层2号阀段2号子模块故障，2s后阀厅紫外探测器告警，随后22min内，相继产生2号阀塔漏水报警和7个子模块故障，现场申请紧急停运。经检查事故起因为解锁前有通信故障模块存在，但换流阀对不控充电阶段上行通信故障模块未设置黑模块机制，仅上报通信故障并允许换流阀带电解锁。

2019年6月18日，宜昌站单元Ⅰ渝测换流阀OLT充电过程中，换流阀监控后台报A相上桥臂340号子模块故障黑模块，阀控紧急跳闸。经检查子模块上行光纤被前盖板压断，引起黑模块出现，且黑模块采用跳闸策略。

2019～2021年，张北工程调试阶段，康巴诺尔站发生6起因黑模块跳闸事件，其中3起因设备安装阶段取能电源与电容接线未连接、1起取能电源板故障、1起子模块电容短路系统未分开、1起光纤通道衰耗不满足要求。同时换流阀闭锁后阀控与子模块通信故障为跳闸策略，针对该问题2020年5月6日进行程序升级修改为告警。

2.1.71　阀控系统黑模块检测结束后，应使能子模块旁路功能，并保证旁路开关储能电容具备可靠旁路能力，确保故障时子模块可靠旁路，不引起旁路拒动跳闸。

【释义】2022 年 4 月 5 日，宜昌换流站鄂侧 AD32 号模块上报旁路请求、旁路确认、旁路失败，阀控旁路拒动闭锁跳闸。故障过程为黑模块检测结束后，子模块因电压异常跌落（由 1300V 跌落至 240V），取能电源无法正常工作后上报上行通信故障，阀控下发旁路命令，但此时中控板未收到阀控旁路功能使能信号（约 1500V 时阀控下发旁路使能），导致旁路指令无法执行。主动充电过程中该子模块电压充至 300V 时再次恢复通信，并收到阀控下发的旁路命令，但此时因储能电容尚未充电至具备旁路能力（约 800V），模块未能成功旁路，阀控上报旁路开关拒动故障申请系统跳闸。

2.1.72　阀控系统宜具备主动充电策略，以减小子模块电容电压分散性和解锁时的电流冲击。

【释义】不控充电将使子模块充电到 0.7～0.8（标幺值）额定电压，若直接解锁将会产生电流冲击。同时若不控充电持续时间很久，将导致子模块电容电压分散性增大。

2.1.73　子模块应具有防止上下管直通的自锁功能，并具有防止子模块高频投切的保护功能，同时阀控系统动态均压策略应合理限制子模块的投入时间间隔及动态轮切周期，避免发生子模块频繁投切导致子模块电容充电电压上升或 IGBT 驱动电源负载过重。

【释义】2019 年 12 月 17 日，中都站直流侧充电过程中，换流阀监控后台报 A 相上桥臂 59 号子模块驱动电源故障，旁路成功。录波显示此时直流侧电压为 410kV，子模块平均电压为 1800V 左右，每个桥臂投入下管的子模块个数为 104 个，根据计算，上下桥臂充电子模块电容电压和约为（264－104）×2×1800V＝576kV，但实测直流电压为 410kV 左右。经分析确认故障原因为子模块频繁投切引起的 boost 升压电路效应导致电容充电高于实际直流电压，且因投切过于频繁引起驱动反复动作导致驱动电源欠压，引起子模块旁路。后续通过修改主动充电策略，延长单个子模块投入时间间隔（由 200ms 延长为 2s）和子模块动态均压周期（由 33.3μs 延长为 1ms），将子模块电容电压控制在合理范围内，未再发生此类故障（见图 2－18）。

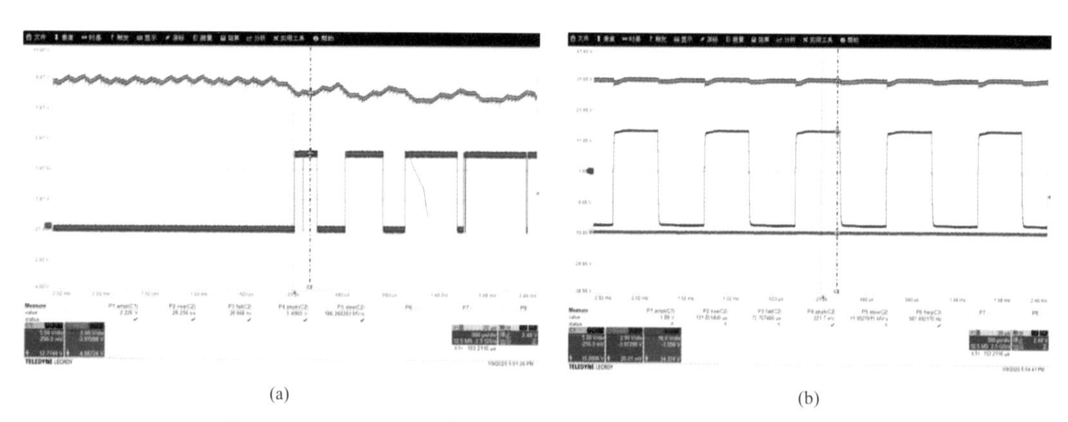

(a) (b)

图 2－18　中都站子模块不同开关频率下驱动电源故障测试情况

（a）门极 25kHz 翻转时，导致 IGBT 驱动电源发生欠压情况；（b）门极 1kHz 翻转时，15V 电源正常，无告警信号情况
（CH1：黄色，15V 电源；CH2：红色，欠压故障报警信号；CH3：蓝色，门极电压）

2.1.74　应合理设置环流策略，低功率时宜注入二倍频环流，避免子模块过压或欠压；功率升高时应投入二倍频环流抑制策略，降低子模块损耗等。

【释义】某工程阀控数模联调过程中，稳态工况下直流电压振荡，满功率情况下振幅为±9kV。稳态工况下直流电压与阀侧交流电压存在直流偏置，满功率情况下偏置幅度为 20kV。经分析为环流抑制功能的问题。由于环流存在，会导致桥臂电压上叠加一个二倍频的电压，形成直流偏置。

某工程阀控数模联调过程中，环流抑制功能在稳态运行特性优化完成后，单单元故障穿越试验时，满功率工况下交流系统故障期间，阀控环流抑制功能失效，导致桥臂电流迅速增大，进而导致连续发生暂时性闭锁，直流系统失稳。分析为故障期间，桥臂电流的环流调节输出加大，由于环流参数偏小，导致环流控制输出无法抑制 2 倍频的桥臂电压。

2.1.75　换流阀启停时序应与极或换流器控制系统顺控时序相匹配，避免时序不匹配导致直流闭锁等事件。

【释义】2019 年 4 月 23 日，宜昌站在进行系统调试试验“模拟鄂侧 PPR 桥臂过流保护跳闸试验”过程中，引起渝侧 151 个子模块发生旁路、鄂侧 160 个子模块发生旁路。

分析故障原因为：阀控系统将跳闸停运误判为正常闭锁停运，进入主动充电后未将晶闸管触发命令撤销，中控板因长期发出晶闸管触发命令引起欠压故障，导致子模块旁路。

2020 年 5 月 8 日、10 日，康巴诺尔站换流阀解锁时，阀控系统 VBC OK 信号消失，导致极控闭锁换流阀并发出跳闸指令。分析两次原因均为当换流阀闭锁，桥臂电压下降到低于 319.2kV（1.4kV×228）后，换流阀进入放电模式（阀控置放电模式标志位）。在放电模式标志位置位状态下，若换流阀再次收到解锁信号（阀控置换流阀解锁标志位），因放电模式标志位和换流阀解锁标志位同时存在，阀控认为该工况为异常工况，VBC OK 信号复位（由“1”变“0”），引起换流阀闭锁跳闸。对程序进行优化升级，在换流阀闭锁后再次收到解锁信号时，放电标志位将同时复位（由“1”变“0”），保证放电标志位不会与换流阀解锁标志位同时存在。

2019～2021 年，张北工程调试期间因康巴诺尔站阀控系统“放电标志位”“充电标志位”等相关标志位的设置条件不匹配实际启停时序，导致黑模块，VBC_NOT_OK、无法解锁、跳闸等事件共 11 起。

2.1.76 阀控系统监测桥臂子模块平均电容电压达到设定值，且子模块与阀控系统建立稳定通信并具备可靠旁路能力后，才允许开放子模块各类监视和控制保护功能。

【释义】 2020 年 4 月 14 日，康巴诺尔站负极换流阀充电过程中，换流阀监控后台报黑模块引起跳闸（原黑模块策略为跳闸）。分析原因为换流阀闭锁后，换流阀最小桥臂电压下降到 364.8kV（1.6kV×228）以下时，阀控系统子模块放电监视功能投入；下一次换流阀充电后，换流阀最小桥臂电压达到 232.56（1.02kV×228）及以上时，换流阀充电标志位置位（由“0”变“1”），阀控系统子模块放电监视功能退出。放电监视功能投入时，如果有子模块在电容电压高于唤醒电压（约 950V）时失去通信，则报子模块放电时通信故障而跳闸。正常放电过程中，子模块电压会先降低至低于唤醒电压（约 950V），而后降低至低于中控板通信电压（约 650V），所以正常放电过程中不会报此故障。在充电初期，子模块启动过程可简述如下：短时间内子模块电容电压值升高并达到恢复通信电压（约 650V），且迅速继续升高达到唤醒电压（约 950V）。此时子模块与阀控的通信尚未稳定，有可能造成阀控收到子模块唤醒的信息后与该子模块通信短时中断，此时若子模块放电监视功能仍处于投入状态。会误报子模块放电时通信故障。

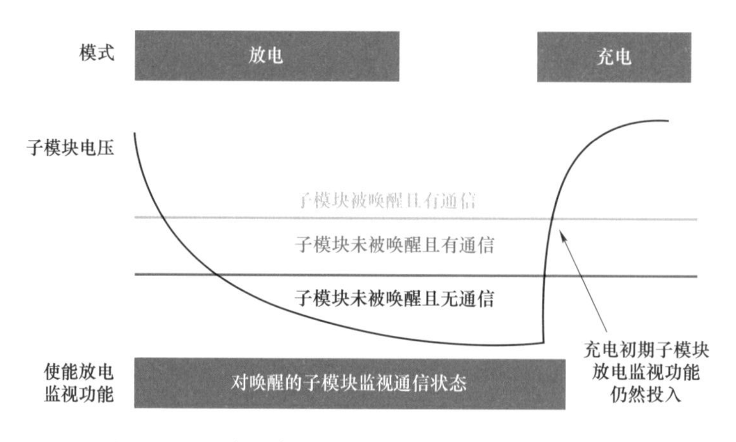

图 2-19　康巴诺尔站子模块放电监视功能示意图

2020 年 5 月 8 日，康巴诺尔站正极换流阀完成跳闸实验后，换流阀电压下降至低电压水平（阀控与所有子模块之间的通信完全中断），短时间内通过阜康站再次对康巴诺尔站换流阀进行充电，阀控进入充电状态后误报子模块故障跳闸。经分析为换流阀充电后（最小桥臂电压达到 232.56kV），阀控系统会进行初始化，初始化过程中应先读取子模块旁路信息列表，再对未旁路的子模块启用通信和故障监视。本次故障中换流阀闭锁跳闸后开始放电，子模块电容电压低至一定水平（约 650V）后阀控失去与子模块之间的通信。在通信丢失后很快对换流阀再次充电，当阀控系统与子模块之间再次建立稳定通信后立刻投入子模块通信和故障监视功能，此时若子模块旁路信息列表尚未读取完毕，阀控系统会根据子模块通信和故障监视功能的判断结果，误将已旁路子模块识别为通信故障子模块，引起阀控跳闸。

2.1.77　阀控系统过流保护定值应小于器件的最大电流承受能力，同时需满足故障穿越要求。

2.1.78　阀控系统应设置检修模式，在该模式下可进行子模块测试和子模块程序版本校验。

【释义】某工程在调试初期由于程序中未加入子模块控制板程序版本校验功能，更新程序时人为漏掉了对个别子模块控制板程序的更新，后更新软件在阀控系统中加入了子模块控制板程序版本校验功能。

2.1.79　阀控系统应配置监视系统，具备对子模块旁路状态、子模块电容电压等遥测和遥信信号监视功能。监视系统应具有显示和声音报警功能，并布置在主控室

OWS 系统附近。

2.1.80 阀控系统与阀控监视系统通信故障，应不切换系统，且不引起其他故障。

2.1.81 阀控系统应具有独立的内置故障录波功能，在直流闭锁、阀控系统切换与子模块旁路故障时启动录波。

2.1.82 阀控程序版本号及定值应可视化。阀控程序应具备软件页面校验码，便于现场程序升级后运维人员核对校验码以确定程序修改正确。

2.1.83 阀控主机机箱、过流检测机箱、三取二机箱应独立配置，冗余配置的机箱应分布在不同屏柜中。

2.1.84 阀控屏柜内强弱电信号回路电缆应分开布置，避免信号干扰导致阀控系统工作异常。

【释义】2015～2018 年，舟泗站换流阀运行期间，发生 3 例子模块通信故障，2 例欠压故障后自动旁路的情况。

2014～2016 年，舟洋站换流阀运行期间，出现 1 例模块上报通信故障、2 例阻尼模块通信故障后自动旁路的情况。

停电检修时对以上模块进行功能测试正常，光纤衰减测试正常，将旁路开关分闸后，模块运行正常，继续留塔运行。分析原因为阀控屏柜内部，直流电源的强、弱电信号回路和光纤回路绑扎在一起，对阀控的子模块接口板卡产生干扰，导致板卡产生异常信号，引起模块故障旁路。通过对屏柜的强、弱电信号回路分开绑扎处理，硬件电源回路增加磁环，提高电源回路的抗干扰能力。

2.1.85 阀控柜应具备良好的通风、散热功能，防止阀控系统长期运行产生的热量无法有效散出而导致板卡故障。

2.1.86 阀控设备间空调通风口禁止设计在阀控屏柜顶部。阀控屏柜顶部应安装挡水隔板或采取其他防潮、防水措施，防止凝露、漏雨从屏柜顶部流入阀控屏柜导致设备故障。

2.1.87 阀厅屋顶空调通风口、照明灯具等宜避开阀塔正上方布置，同时应选用权威机构认证的防爆灯具，避免灯具坠落或炸裂后有残片落入阀塔。

2.2 采购制造阶段

2.2.1 旁路开关辅助接点、关键位置机械结构应采取防松动措施，避免连接松动误判旁路开关分合状态。

【释义】2021 年 7 月 7 日，延庆站负极换流阀在解锁运行期间，换流阀监控后台报 C 相下桥臂 1 号阀塔 1 层 5 号阀段子模块 2 旁路开关误合。经检查辅助接点端子插接位置轻微松动（见图 2–20），导致接触电阻偏大，推测为装配时插接不牢，子模块工作时振动导致端子松动，进而接触电阻增大导致误报产生。

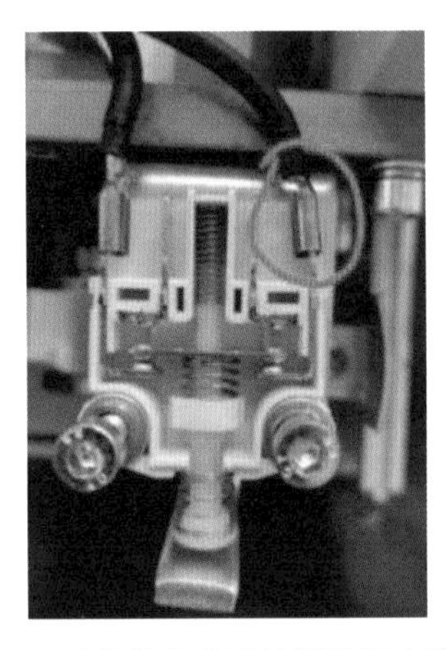

图 2–20　延庆站旁路开关辅助接点端子松动

2019 年 12 月 29 日，中都站正极换流阀解锁运行期间，换流阀监控后台报 C 相下桥臂 67 号子模块驱动过流保护动作，旁路成功。返厂后对子模块复测，子模块的下管两端呈现低阻状态。检查发现 IGBT 器件正常，旁路开关无论处于分闸还是合闸状态，接触器的接点始终处于接通状态。对旁路开关进行内部检查，发现与绝缘子连接的开槽螺母凸出绝缘子并有松动现象，如图 2–21 所示。经分析开槽螺母松动后，导致拉开拉杆后，不能带动开槽与绝缘子一起运动，旁路开关的触头无开距而一直处于接通状态。

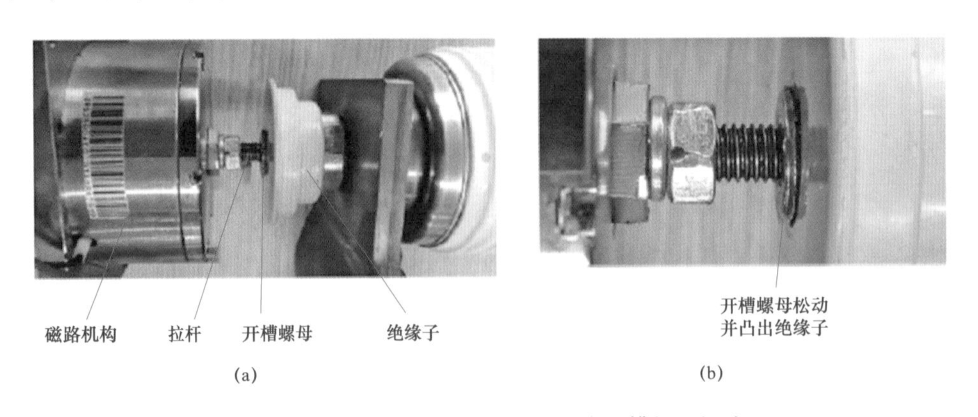

图 2–21　中都站子模块旁路开关内开槽螺母松动

（a）旁路开关内部结构；（b）旁路开关开槽螺母松动情况

2020 年 4 月 12 日，中都站正极换流阀在主动充电过程中，换流阀监控后台报 A 相下桥臂 2 号阀塔 82 号子模块取能电源故障，旁路开关拒动，引起直流闭锁跳闸。检查发现旁路开关的电源输入引脚、储能电容的 400V 输入引脚存在虚焊，旁路开关未能正常储能，保护动作后未能正常旁路。

2.2.2 对旁路开关内绝缘件等模压加工件采取外观全检，对绝缘件做 X 光透视抽检。

【释义】 2019 年 4 月 16 日，宜昌站单元 I 进行渝侧换流阀充电试验期间，换流阀监控后台报 B 相下桥臂 141 号子模块欠压故障，旁路成功。检查发现旁路开关内部短路，造成子模块无法继续充电，电容自然放电直到欠压。对旁路开关返厂拆解发现内部存在短路击穿碳化物质（见图 2-22），推测在绝缘件模压加工过程中混入铜屑，导致旁路接触器主回路对地绝缘距离不够，发生击穿。

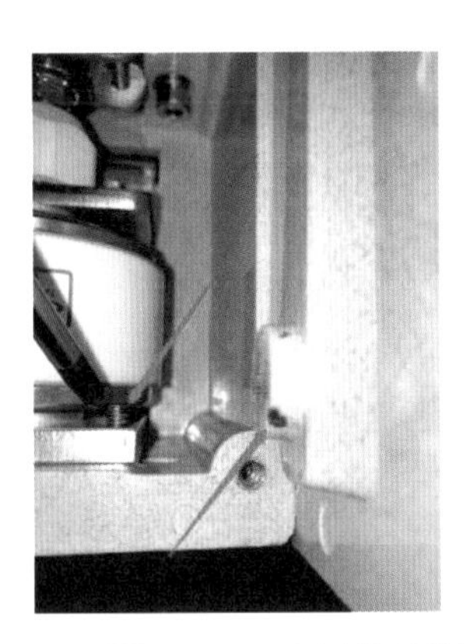

图 2-22 宜昌站子模块旁路开关内部短路碳化

2.2.3 应适当增大旁路开关控制电路板焊脚之间的设计距离，导线连接宜采用端子排连线方式，减少飞线搭接，提高焊接和接线的可靠性。

2.2.4 每种型号旁路开关应抽取至少 1 台进行大电流合闸型式试验，合闸电流第一个波峰的幅值不应低于实际可能出现的最大合闸电流峰值。试验中旁路开关应能够可靠合闸，大电流合闸试验后旁路开关应进行长期通流试验。

2.2.5 对每种旁路开关产品，应抽取至少 1 台进行 2000 次寿命试验。旁路开关出厂前应逐台进行 200 次关合的机械老练试验。

2.2.6 每台旁路开关内部真空灭弧室应采用触头研磨或电压老炼工艺，消除电极表面的微观凸起、杂质和缺陷。

2.2.7　在旁路开关厂家出厂检验、换流阀厂家入厂检验时，均应逐台对旁路开关的微动开关进行检测，常闭接点的电阻应小于 1Ω，确保微动开关接线端子无异常短接。

2.2.8　子模块电容器不应有任何绝缘介质的渗漏或气体的外泄，在电容器发生火灾或过电流情况下不应出现爆炸和燃烧，阻燃性等级应达到 UL94V0 等级，并提供第三方阻燃性等级证明。

2.2.9　子模块电容器填充树脂应具备阻燃性或燃烧后无任何腐蚀性、危险性气体释放，填充材料应提供材质证明和第三方阻燃性等级证明。

2.2.10　应严格监督子模块电容器供应商的电容器元件生产工艺管控情况，完整记录每一台电容器元件的卷制设备参数设置、例行试验次数与试验结果等关键信息并在供货前仔细回溯排查，避免生产过程存在异常的电容器元件应用于工程。

【释义】张北工程调试前期，子模块电容器供应厂商大批量召回处理电容器。原因为在回溯检查过程中发现电容器在生产过程中元件缠绕张力设置高于标准要求 40%，存在影响自愈性能进而影响使用寿命的风险。

白江工程换流阀运行型式试验过程中，发生一台电容器单元内部元件失效熔融的故障。原因为失效的电容元件在出厂试验期间损耗测试值较高不符合要求，同时违规经过多次冲击筛选试验并最终流入后续装配环节。

2.2.11　加强子模块电容器的外观检查，在子模块功率循环试验结束后应逐台复查电容器外壳形变情况。

【释义】白江工程，某厂家换流阀运行型式试验完成后发现电容器外壳鼓胀问题。检查发现电容器容值已衰减一个并联元件的容量，经过解剖发现内部元件已严重熔融失效。

2.2.12　在子模块电容器出厂例行试验与入厂试验阶段，应逐台进行极壳间局部放电试验，局部放电量宜低于 50pC。

【释义】张北工程中曾在电容器入厂检测阶段发现部分产品局部放电值偏高，最高可达 400pC 以上。经分析为电容器内部聚氨酯注胶工序未采用真空注胶工艺，导致电容器聚氨酯中气泡较多，引起局部放电超标。

2.2.13 所有的 IGBT 出厂前应进行高温反偏和老炼筛选试验，所有的子模块应进行功率循环试验。

2.2.14 每块取能电源板应做断电维持时间测试或每个子模块做断电闭锁功能试验。

2.2.15 应在中控板电压测量部分低压臂电阻开路状态下进行耐压试验，避免子模块电容电压采样回路器件故障后，将电容电压通过高压臂电阻直接串入而损坏板卡，中控板检测到该类故障时，应直接旁路子模块。

【释义】低压臂电阻开路状态下的耐压试验：随机选取不少于 2 块工程用中控板，设置 AD 采样电路低压臂分压电阻为开路状态。将高压直流电源加至中控板 AD 采样输入端口，加压保持 5min。若加压后无异常，则恢复低压臂分压电阻焊接，并进行电压采样功能测试。

白江工程中某厂家换流阀中控板电压采样回路串联焊接 40 个电阻，若其中单个电阻存在虚焊，将形成采样回路开路，引起电压采样异常造成子模块旁路（见图 2−23）。

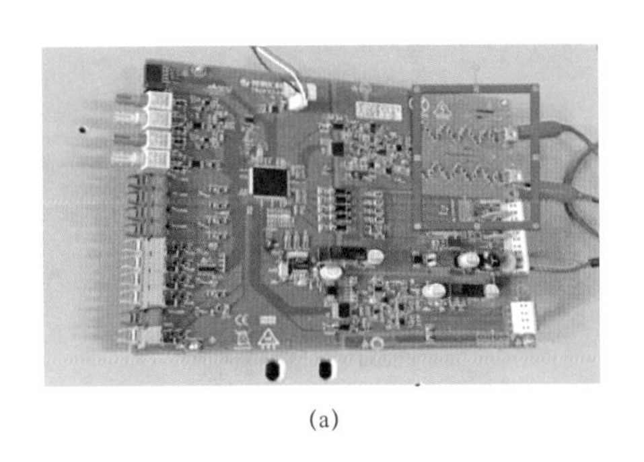

(a)

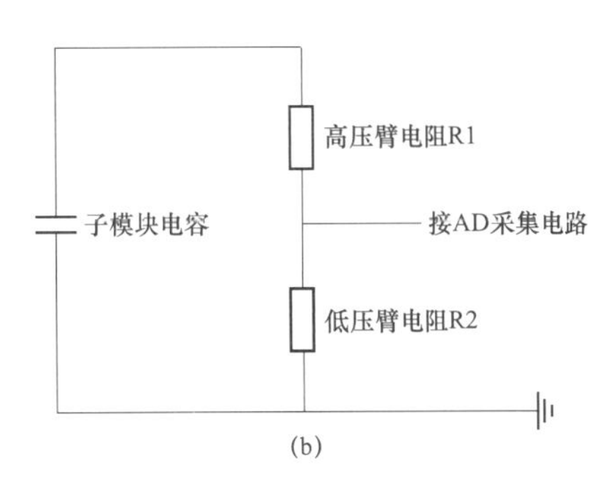

(b)

图 2−23 中控板采样电路情况

（a）白江工程某厂家中控板采样电路；（b）采样回路示意图

2.2.16 阀控及换流阀子模块的芯片、光纤、光通信收发模块、插槽需选用成熟可靠品牌，按照降额使用原则选型，并在元器件出厂之前进行筛选，避免元件质量问题导致故障。

【释义】厦门工程换流阀例行试验过程中，子模块板卡出现温升较高导致器件失效的问题。经分析为器件降额不足，板卡在封闭环境中温升较高引起器件失效。

2.2.17　应做好换流阀各类设备及元器件的质量管控，对于采购的重要元器件应能够追溯生产工艺流程，避免使用存在批次性质量问题的设备。

【释义】2021 年 5 月 6 日，阜康站负极换流阀充电过程中，换流阀监控后台报出 B 相上桥臂 1 号阀塔 1 层 3 号阀段 1 号子模块故障，旁路成功。检查发现高压电源输出反馈回路采样电阻异常，导致 220V 反馈给高压电源输出控制芯片的电压值与实际存在偏差，进而造成稳压电路的调节偏差，导致电源上电后输出电压持续走低，直至电源不再工作。

2020 年 9 月 3 日，中都站负极换流阀直流充电过程中，换流阀监控后台报 A 相下桥臂 1 号阀塔 104 号子模块黑模块故障。返厂后对子模块取能电源板进行反复上、下电测试，发现该取能电源偶尔会出现启动慢的现象，延时最短 1～2s，最长可达几十秒，与现场异常现象一致。进一步分析发现电源板启动回路中一个稳压二极管电压值有时偏低引起子模块通信异常，从而报出黑模块。

2.2.18　对板卡中重要器件（DC/DC 隔离模块、AD 芯片等），供应商应通过老炼筛选剔除出失效元件。

【释义】2019 年 8 月 26 日，舟岱站换流阀解锁运行期间，正极阀组 B 相 T43.C1SMC122 子模块上报“高压电源综合故障”并可靠旁路。经分析为子模块取能电源板中电压基准芯片失效，导致电源板卡供电给控制板卡输出电压异常，电源检测回路判断输出电压异常后，上报高压电源综合故障，子模块旁路。

2019 年 5 月 1 日，舟衢站负极阀组 A 相 T22.C1SMC139 子模块、2020 年 3 月 11 日舟衢站负极阀组 B 相 T42.C2SMC132 子模块在运行过程中上报“高压电源综合故障”并可靠旁路。经分析上述子模块故障均为子模块取能电源板中 MOS 器件失效，导致电源板卡输出电压异常，电源检测回路判断输出电压异常后，上报高压电源综合故障，子模块旁路。

2019～2021 年，延庆站发生 5 起“中控板电源欠压故障”导致子模块旁路的事件（见图 2－24），中控板板上 15V 电源由取能电源供电，在中控板上通过 DC/DC 隔离电源隔离后给中控板控制电路使用，中控板上具备 15V 的电源监视电路，15V 出现异常时，电源监视芯片把故障反馈给核心控制芯片，核心控制芯片闭锁并旁路子模块。经对电路板拆解分析均为子模块中控板 DC/DC 隔离模块存在故障导致子模块旁路。

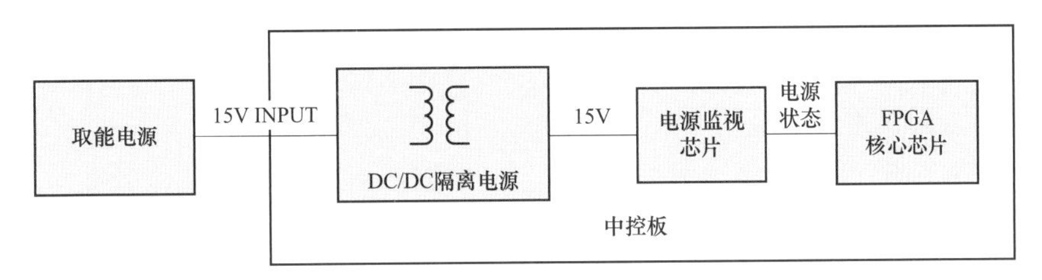

图 2－24 延庆站中控板电源欠压故障检测电路

2.2.19 电子元器件存储应采用专用库房，注意防静电、防湿敏，且放置合理、整齐、标识清晰，避免物料选用错误。

2020 年 5 月 16 日，阜康站进行阜延直流线路接地试验过程中，换流阀监控后台报 A 相下桥臂 69 号子模块欠压旁路，旁路成功。经检查，中控板电容采样滤波回路的电容 CF4 物料错误，该物料应为 10nF 电容，实际板卡上焊接为 7.4μF 电容（见图 2－25）。根据采样回路原理，CF4 电容容值变大将导致采样回路截止频率降低，造成采样电压响应速度变缓，不能实时反映电容电压实际值。在直流故障情况下，桥臂电流波动大，从而引起欠压旁路。

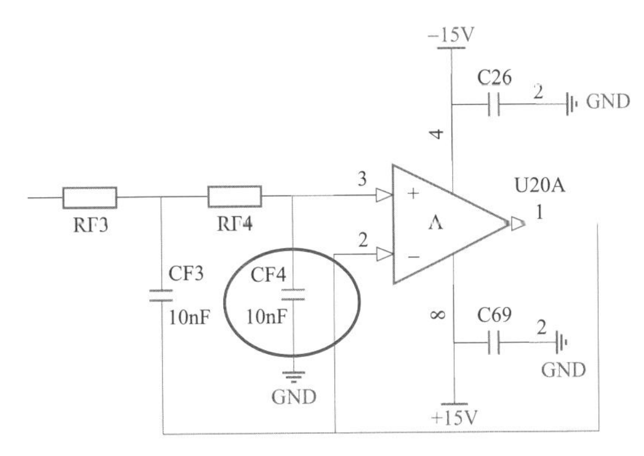

图 2－25 阜康站中控板部分采样电路

2.2.20 针对板卡重要元器件适当增大焊盘面积。器件焊接过程中需严格执行技术规范要求，进行器件烘烤、焊接、转运；技术规范未作要求的，参照 IPC 3*级品执行。

【释义】在《电子组装件外观质量验收条件的标准》IPC－A－610 文件中，将电子产品分成 1 级、2 级、3 级，级别越高，质检条件越严格。这三个级别的产品分别是：

1 级产品，称为通用类电子产品，包括消费类电子产品、某些计算机及其外围设备和以使用功能为主要用途的产品。

2 级产品，称为专用服务类电子产品，包括通信设备、复杂的工商业设备和高性能、长寿命测量仪器等。在通常的使用环境下，这类产品不应该发生的故障。

3 级产品，称为高性能电子产品，包括能持续运行的高可靠、长寿命军用、民用设备。这类产品在使用过程中绝对不允许发生中断故障，同时在恶劣的环境下，也要确保设备的可靠的启动和运行。例如，医疗救生设备和所有的军事装备系统。

针对各级产品，《电子组装件外观质量验收条件的标准》IPC－A－610 规定了“目标条件”“可接收条件”“制程警示条件”和“缺陷条件”等验收条件。这些验收条件是企业产品检验的依据，也是员工生产现场的工作标准，同时也成为电子生产和装配企业员工培训的重要内容。

2020 年 5 月 6 日，阜康站正极换流阀解锁运行期间，换流阀监控后台报出 A 相下桥臂 1 号阀塔 1 层 8 号阀段 3 号子模块故障，旁路成功。经检查子模块电容电压采样值异常，采样电压在 900～3300V 之间来回波动，之后发生子模块电容过压故障。返厂检测发现电容电压采样滤波回路中 CF4 虚焊（见图 2－26）。

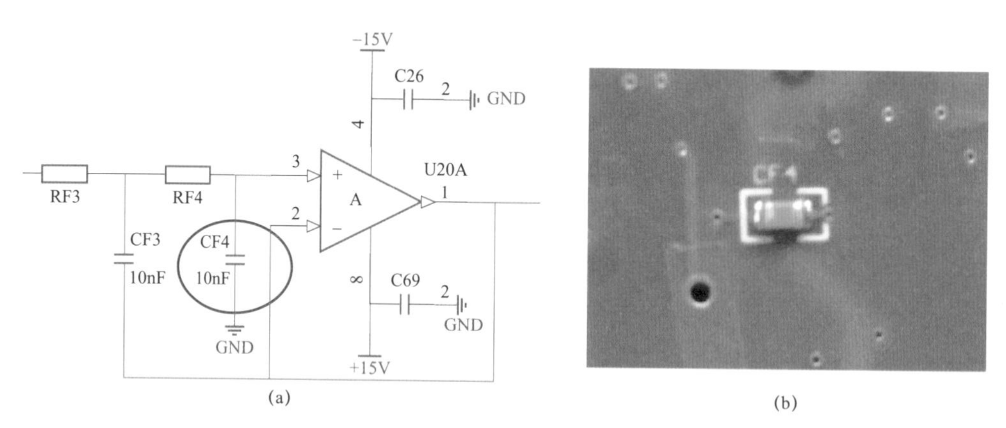

图 2－26 阜康站中控板采样回路 CF4 电容虚焊

（a）中控板采样回路；（b）CF4 电容虚焊

2020 年 5 月 18 日，阜康站负极换流阀充电过程中，换流阀监控后台报 B 相下桥臂 1 号阀塔 2 层 2 号阀段 44 号子模块旁路误合、欠压故障，旁路成功。经检查为子模块上次闭锁过程中取能电源故障导致子模块旁路，取能电源板欠压故障原因为反馈电路下拉电阻 R43 引脚虚焊翘起（见图 2－27），经补焊后功能恢复正常。

图 2－27　阜康站故障子模块取能电源板 R43 电阻虚焊

2020 年 10 月 26 日，中都站负极换流阀充电过程中，换流阀监控后台报子模块程序版本错误（见图 2－28）。12 月 20 日，启动充电过程中再次报出子模块程序版本错误。检查子模块的控制板卡，发现子模块中控板启动过程中上报的版本号有时是正确的 0xE302，有时是错误的 0xE312，上送错误版本号时有 1 个 bit 位存在偏差。测试过程中发现该故障有一定随机性，分析为中控板 FPGA 的 I/O 状态检测异常导致，对电路板进行分析发现电路板芯片存在虚焊。

槽号	地址/变量名	值
31	B31.smc_version_data	0X 08657824: E302 E302 E302 E302 E302 E302 0000 E302
		0X 08657840: E302 0000 E302 E302 E302 E302 E302 E302
		0X 08657856: E302 E302 E302 E302 E302 E302 E312 E302
		0X 08657872: 0000 E302 E302 0000 E302 E302 E302 E302
		0X 08657888: E302 E302 E302 E302 E302 E302 E302 E302
		0X 08657904: E302 E302 0000 E302 E302 0000 E302 E302
		0X 08657920: E302 E302 E322 E322 E322 E322 E322 E322
		0X 08657936: E302 E302 E302 E302 0000 E302 E302 0000

图 2－28　中都站故障子模块版本测试存在错误

2019～2021 年张北工程调试期间，因板卡个别器件虚焊导致子模块旁路数达 5 起。

2.2.21　板卡光头（光模块）出厂前应开展如下试验项目：

（1）针对潮敏器件类型的光纤头，若器件未严格按照潮敏分级要求进行存储，或者器件暴露时间超过其等级要求，在焊接前应进行 75℃/20h 的烘烤；

（2）增加光功率测试项目，出厂前进行光功率复查。

【释义】2015 年 8 月 1 日，舟泗站换流阀充电过程中，换流阀监控后台报某子模块欠压故障，旁路成功。检查发现为阀控接口板光模块故障，导致子模块中控板无法收到并执行下行控制指令。子模块按照丢失前的指令即下管导通执行，一直处于自然放电状态，从而导致子模块欠压故障。

2020 年 6 月 6 日，阜康站换流阀解锁运行期间，换流阀监控后台报 C 相下桥臂 148 号模块下管驱动故障，旁路成功。判断为驱动板自身反馈光模块或驱动板电源存在问题。对子模块返厂后在 40℃温箱环境下进行驱动板高低温测试（采用外部电源供电），运行三分钟后驱动反馈无光；置于室温环境后再次上电恢复正常，证明为驱动板光模块存在问题。对驱动板光模块进一步分析，确认该驱动板卡反馈光模块发送头内部封装脱层（见图 2－29）。判断引起故障原因为光纤头在焊接前受潮，导致光信号高温条件下输出不稳定，造成子模块驱动故障旁路。

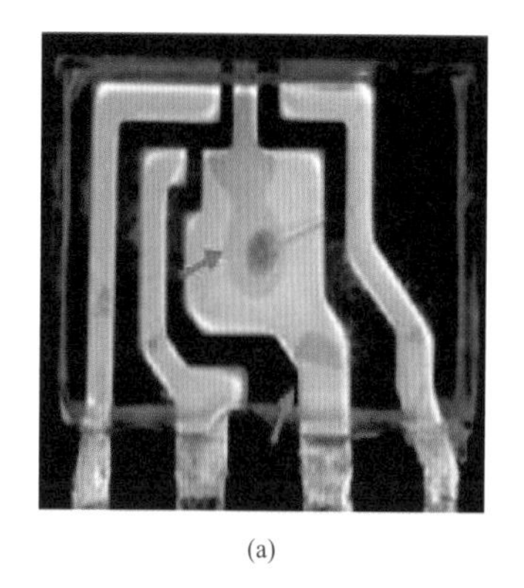
(a)

(b)

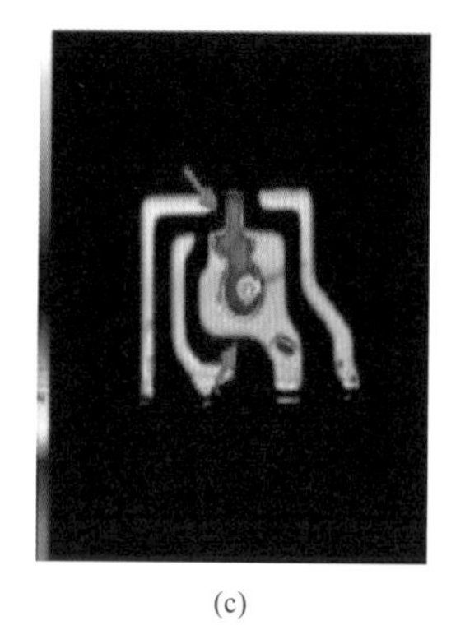
(c)

图 2－29　阜康站子模块驱动板光模块内部封装脱层

（a）脱层情况 1；（b）脱层情况 2；（c）脱层情况 3

2020 年 8 月 21 日，中都站换流阀解锁运行期间，换流阀监控后台报 A 相上桥臂 1 号阀塔 126 号子模块下行通道校验故障，旁路成功。对子模块下行光纤进行检查，未观察到发光，利用光功率计测试，显示“L0”，即子模块侧无法正常接收光信号，更换阀控侧光模块后恢复正常。经厂家检查光模块内部 VCC 供电线路上串联的一颗磁珠损坏（见图 2－30），其阻抗达到了 570kΩ（正常值 20Ω 左右），引起光模块的内部供电回路异常，进而导致发光异常。

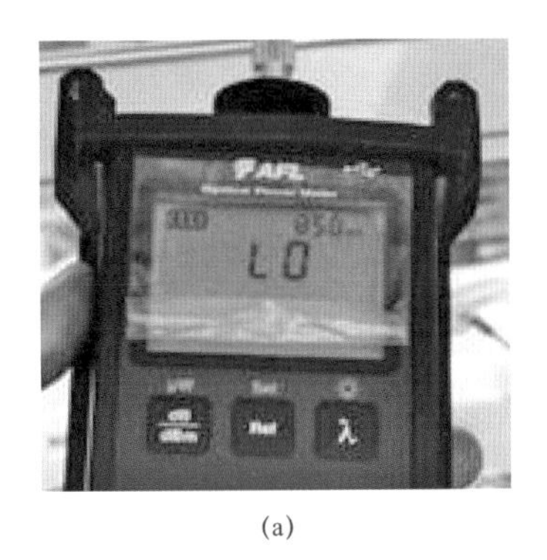

(a)

(b)

图 2-30　中都站阀控侧光模块内部供电磁珠损坏

（a）光功率计测试结果；（b）光模块内部磁珠损坏

2.2.22　板卡抽样测试时增加对中控板、驱动板、取能电源板等板卡上重要信号的监视，需要监视的重要信号包括但不限于如下内容：

（1）对各级电源状态和电源告警信号监视；

（2）中控板与阀控通信监视；

（3）驱动板输入与输出信号监视。

对重要信号的监视应确保所有重要电路状态均可反馈到监视设备，出现故障时能够锁存，避免漏检瞬时故障，增加测点信号的比对分析。

2.2.23　子模块所有中控板、驱动板、取能电源板等板卡需全部进行高温老化（不低于 65℃、不少于 24h）试验，电磁兼容试验抽检比例不低于 3‰，经过电磁兼容试验的板卡严禁用于工程；子模块应逐台开展抗电磁干扰和最大持续运行负载试验并至少抽检 1 台进行电磁兼容和高温老化试验，防止因引脚虚焊引起子模块旁路，甚至旁路拒动。

【释义】厦门工程调试过程中发生过因二次板卡电源模块虚焊、陶瓷电容器失效等元器件故障引起子模块旁路的故障，通过在子模块出厂前开展高温老化试验，有效降低了现场因元器件失效、引脚虚焊等问题造成子模块旁路的概率。

2.2.24　子模块所有中控板、取能电源板、驱动板等板卡需进行温度交变试验（高温不低于 70℃，低温不高于 -10℃，暴露持续时间为 3h，温度变化速率为 3～5℃/min，循环次数为 5 次），抽检比例不低于 3‰。

2.2.25　子模块应开展开放等级射频电磁场辐射抗扰度抽检试验，试验场强不应低于 30V/m，推荐采用 50V/m。

【释义】2020 年 1 月 19 日，阜康站正极换流阀解锁运行期间，换流阀监控后台报 A 相上桥臂 216 号子模块 5V 电源故障，旁路成功。检查发现低压电源输出调节电路中，调节电源输出的电位器触点接触不良（见图 2-31）。正常工况下，电源输出不受影响，在电磁环境或高温环境下，低压电源输出易出现波动，造成输出电压异常。

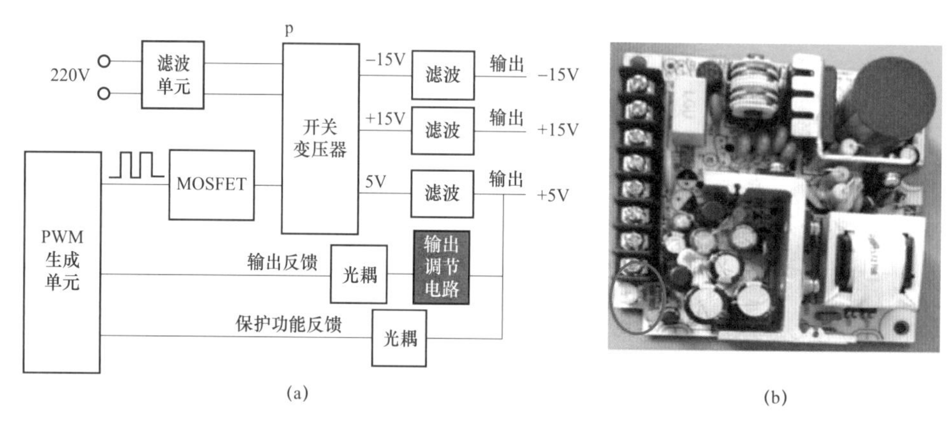

图 2-31　阜康站子模块低压电源输出调节电路电位器接触不良

（a）低压电源输出调节电路示意图；（b）电位器触点接触不良

2020 年 6 月 6 日，阜康站负极换流阀运行期间，C 相下桥臂 148 号子模块驱动故障，旁路成功。在驱动板卡返厂分析期间，外观检查、光模块测试、连续开通关断测试、高低温测试均未发现异常，通过对板卡进行严酷等级较高的射频场辐射抗扰度试验时捕捉到了相同的故障现象。

2.2.26　子模块应进行旁路开关误合试验，当上管 IGBT 开通时人为触发旁路开关闭合，形成电容器直接短路放电回路，充分验证上管 IGBT 过流保护动作逻辑。

2.2.27　子模块应进行上下管直通试验，当上管 IGBT 开通时人为触发下管 IGBT 导通，形成电容器直接短路放电回路，充分验证上下管直通后的 IGBT 过流保护功能有效性。

2.2.28　新建工程换流阀子模块应进行防爆试验，通过上、下管 IGBT 直通短路方式模拟子模块爆炸的物理过程，爆炸前试品子模块电容电压由额定值抬升至 IGBT 器件额定电压，爆炸后相邻子模块应维持正常运行。

2.2.29　子模块各元器件之间的连接要牢固、可靠，避免因虚接产生过热或放电。

【释义】2021 年 4 月 29 日，阜康站负极换流解锁运行期间，阀厅一个火警探测器报警，报警位置位于负极换流阀 C 相下桥臂 1 号阀塔与 2 号阀塔之间。4 月 30 日，手动将火警信号复归，复归后约十几分钟火警信号再次出现。检查发现子模块电容采样线连接至水冷板端部线鼻热缩套管内有黑色痕迹（见图 2－32），分析为线鼻压接过程中未完全按照工艺执行，线鼻尾端未包裹导线绝缘层上，因导线材质偏硬，测试及安装过程中造成线鼻处受折弯而断股，使得导线与线鼻处存在接触不良，造成轻微放电。

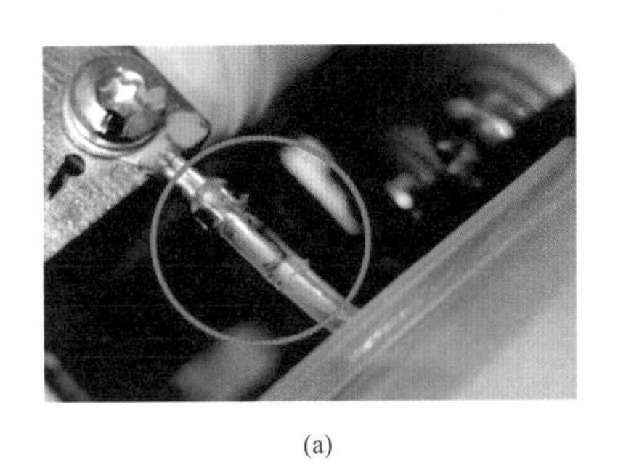

(a)

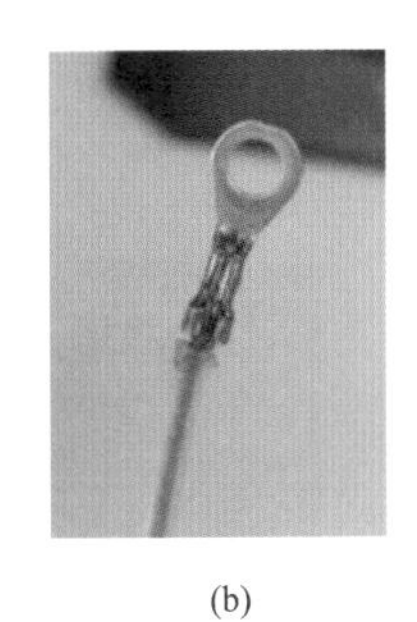

(b)

图 2－32　阜康站子模块电容采样线线鼻热缩套内放电

（a）电容采样线线鼻热缩套内存在放电痕迹；（b）线鼻处接触不良

2021 年 3 月 17 日，中都站换流阀解锁运行期间，换流阀监控后台报 C 相上桥臂 2 号阀塔 97 号子模块电容器故障，旁路成功。检查返厂的电容器，发现电容压力开关的接线端子脱落，推测原因为脱落端子触碰导通，中控板误判子模块电容器压力开关闭合。

2.2.30　子模块内导线线束制作应按照工艺文件要求，误差在要求范围之内，子模块导线固定绑扎位置应严格按照工艺文件要求合理、规范。

【释义】渝鄂工程宜昌站单元Ⅱ换流阀厂内试验过程中后台报子模块旁路故障，检查发现子模块栅极接线端子与导线连接处断裂。原因为导线未做绑扎固定处理，导致接线端子与导线连接处长期受力断裂。

2.2.31　子模块的各板卡应装设抗电磁干扰的屏蔽罩。

2.2.32　子模块各板卡光纤头和光纤座未连接时，应用配套的光纤帽将光纤头罩好，用配套的胶皮头将光纤座封堵好，确保光纤头、光纤座的清洁。

2.2.33 子模块在运输、安装过程中，需注意做好防护减振、防潮等措施，避免外部因素对阀组件、子模块内部器件的影响。

【释义】2019 年 4 月 20 日，宜昌站单元Ⅰ进行鄂侧换流阀充电解锁试验期间，换流阀监控后台报 C 相下桥臂 309 号子模块取能电源故障，旁路成功。检查发现中控板的 DI 输入侧存在脏污情况（见图 2－33），用万用表测量 FPGA 侧取能电源故障信号，发现该信号不稳定，对板卡轻微用力后，会报出取能故障。

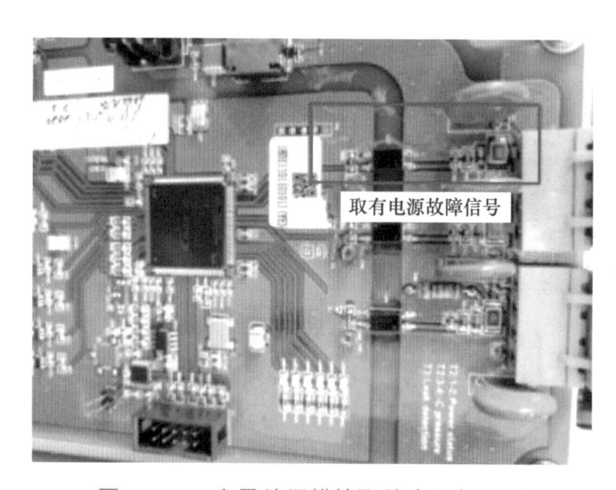

图 2－33　宜昌站子模块取能电源板污秽

2020 年 1 月 19 日，阜康站正极换流阀充电过程中，换流阀监控后台报 B 相下桥臂 102 号子模块欠压故障，旁路成功。现场检查上管 IGBT 呈现低阻，返厂发现 IGBT 连接的陶瓷基板存在机械损坏和开裂情况、IGBT 内部芯片存在短路失效情况（见图 2－34），推断该 IGBT 在运输与安装过程中由于受机械外力引起门极陶瓷基板开裂，

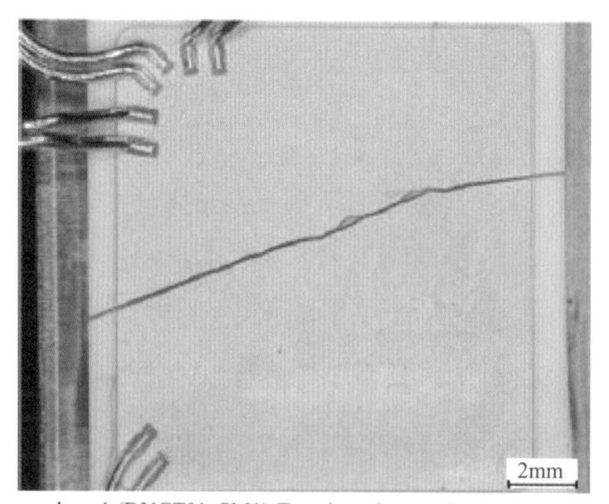

Item 1 (DUGT01, SM1)-Top view: damaged gaterunner

图 2－34　阜康站子模块 IGBT 内部损坏

导致门极部分悬浮。因门极部分悬浮进而导致与该悬浮门极相连的 IGBT 芯片不受控，产生直通短路，进而损坏 IGBT。

2.2.34　换流阀内的非金属材料应不低于 UL94V0 材料标准，应按照美国材料和试验协会（ASTM）的 E135 标准进行燃烧特性试验或提供第三方试验报告。

2.2.35　换流阀应采用阻燃光纤、阻燃扎带、全绝缘阻燃光缆槽。阀塔光缆槽内应放置防火包，出口应使用阻燃材料封堵。光缆槽光缆出口处应采用钝角设计或加橡胶塞，防止划伤光纤。

2.2.36　阀塔主水管路材质应选用 PVDF 材料，主水管连接应选用法兰连接，选用性能优良的密封垫圈，接头选型应恰当。

2.2.37　应对阀塔水管器件质量进行抽查，避免器件质量不良引起漏水。

2.2.38　阀塔水管焊接工艺应严格把关，应逐一检查所有对焊、熔焊和承接焊接头，焊接缝隙应对接到位，厚度均匀，对焊凸缘应均匀对称。

2.2.39　加强水管组装过程中的工艺检查，确保每个水管接头按力矩要求紧固，对螺栓位置做好标记，厂家应提供各阀段出厂水压报告。

2.2.40　对阀塔内分支水管安装及固定措施进行检查，对水管相互之间或与元器件直接接触或经振动可能接触的，应采取合理的防磨损措施。

2.2.41　检查阀控系统报警情况，并对相关板卡、模块进行断电试验验证电源可靠性。

2.2.42　阀控系统在厂内分系统试验时，应充分验证核心板到接口板中任一环节通信异常时的故障响应策略，避免接口板执行双套阀控投切指令。

【释义】2022 年 4 月 1 日，施州站单元Ⅰ鄂侧阀控 A 系统核心板与 CPU 板下行通信故障、阀控由 A 系统切至 B 系统后单元Ⅰ鄂侧 B 相下桥臂 2 号阀塔 34 个子模块旁路。经分析阀控结构中 CPU 板为接口控制板，管理 4 块接口板且自身直接控制 12 个子模块。故障原因为 CPU 板的 A 系统与核心板通信故障后，阀控通过 VBC_NOT_OK 申请极控进行系统切换，A 系统退至备用，B 系统升为主用；但 CPU 板依然向与该板卡相连的 4 个子模块接口板发送指令时未关联备用状态，导致接口板依然按主用状态将 A 系统的投切指令下发给对应子模块，子模块同时收到两套控制系统发出的投切指令，导致 34 个子模块因投切过于频繁引起下管损坏，阀控系统上报驱动故障旁路。

2.2.43　阀控系统的二次板卡或机箱应进行电磁兼容试验和高低温老化试验，避免外部电磁干扰等因素对二次板卡正常工作的影响。

【释义】2019 年 9 月 20 日，舟泗站换流阀解锁运行期间，换流阀监控后台报 B 相下桥臂接口屏内部通信故障，引起阀控 VBC_NOT_OK，请求系统切换。

2018 年 9 月 29 日，舟洋站换流阀解锁运行期间，换流阀监控后台报 B 相上桥臂接口屏内部通信故障，引起阀控 VBC_NOT_OK，请求系统切换。

2015 年 7 月，舟洋站解锁运行期间，换流阀监控后台报 A 相上桥臂 125 号子模块故障，旁路成功。检查发现阀控系统 A 系统能接收到该子模块数据，B 系统接收不到。

以上均为阀控装置二次板卡对电磁环境的抗干扰能力不足，导致内部通信容易受到干扰，出现通信故障。

2.2.44　检查阀控柜选型满足要求，屏柜通风、散热良好。

2.3　基建安装阶段

2.3.1　阀塔底座预埋件平整度和高度差要求需严格参照厂家提资设计院的图纸要求。避免因预埋件平整度和高度差存在偏差较大的问题，影响阀塔的正常安装。

【释义】2021 年 11 月 30 日，白江工程姑苏站在基建期间发现六个低端阀厅柔性直流换流阀阀塔底座预埋件平整度和高度差存在偏差较大的问题。根据厂家给设计院的提资图纸，平整度明确要求“预埋钢板上表面保持水平，误差小于 1mm”，见图 2-35。设计院低端阀厅地坪及地下设施基础图纸未提及具体尺寸。施工完测量阀塔的底座预埋件平整度误差平均在 2mm，最大误差达到 4mm；高度差误差平均在 7～8mm，最大误差达到 15mm，该误差程度无法用垫片调整，影响了阀塔的正常安装。经多方讨论给出的整改措施为：① 平整度通过磨平来消除误差；② 高度差在同一阀塔所有基座选取一个合适的基准，通过最大磨平 4mm、最大垫钢板焊接 6mm 的方法来校准。最终通过整改将误差控制在厂家要求范围内。

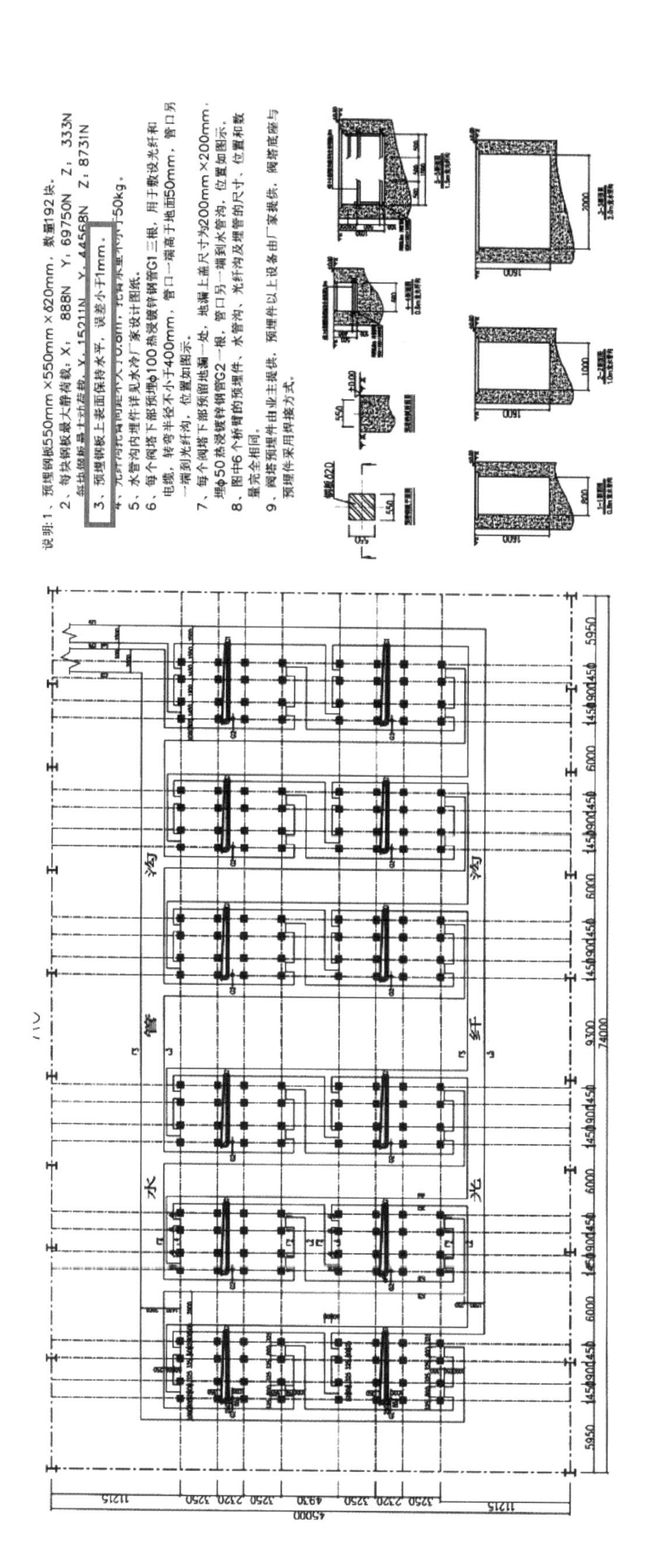

图 2–35 姑苏站厂家提资图及对平整度要求

2.3.2 换流阀及阀控系统安装环境应满足洁净度要求，在阀厅和阀控设备间达到要求前，不应开展设备的安装、接线和调试。在开展可能影响洁净度的工作时，应采取必要的设备密封防护措施，换流阀宜采用防尘罩，阀控屏柜及装置散热孔宜采用防尘膜。当施工造成设备内部受到污秽、粉尘污染时，应返厂清理并经测试正常，经专家论证确认设备安全可靠后方可使用，情况严重的应整体更换设备。

【释义】2018 年 12 月 13 日～2019 年 1 月 18 日，施州站发生 11 起子模块通信异常导致子模块旁路事件。

2019 年 4 月 13 日～29 日，宜昌站发生 8 起子模块通信异常导致子模块旁路事件。

以上均为现场安装阶段阀厅和阀控室环境未达标，造成光纤端面和光纤插孔污染，引起子模块通信异常。

2.3.3 换流阀安装完成且所有光纤铺设槽盒已覆盖后，应检查子模块和阀控光纤衰耗是否满足要求。若后续工程改扩建光纤槽盒打开新增光缆等工作，应增加监督整个过程，并对光纤槽盒内所有光纤进行光纤衰耗测试。

【释义】2019 年 12 月 27 日，中都站负极换流阀充电过程中，换流阀监控后台报 A 相下桥臂 2 号塔 105 号子模块上行通道校验故障，旁路成功。经检查发现通信光纤存在划痕，现场更换 105 号子模块上行通信光纤，并继续留塔正常运行。

2020 年 5 月 14 日，康巴诺尔站正极换流阀解锁时，OWS 监控后台 RFO 中“换流阀准备就绪”未显示 OK。检查为正极换流阀 A 相下桥臂 2 号阀塔通信异常，导致阀控未准备就绪，现场发现阀控与阀塔之间光纤端面存在附着物，导致通信异常，彻底清理检查后恢复正常。

2.3.4 检查光纤回路防火隔离措施、等电位措施完善，光纤、导线接线正确，连接固定可靠。

2.3.5 阀塔上备用光纤的长度及存放位置应考虑便于对各阀段内子模块的光纤进行更换，并存放于等电位上或光纤槽盒内。

2.3.6 阀塔安装过程中，应严格按打磨、力矩等工艺要求紧固接头。螺丝紧固后应进行标记，并建立档案，做好记录。

2.3.7 阀塔主水管安装、固定应满足抗振、防漏要求。

2.3.8 对于隐藏在屏蔽罩或均压环下的水管接头应在屏蔽罩或均压环安装前做好

力矩检查验收工作。

2.3.9 光纤插头与插座应具有防松动措施，安装完成后应逐一检查，确保光纤头卡紧。

【释义】2018 年 1 月 26 日，渝鄂工程宜昌站单元Ⅱ换流阀运行型式试验过程中，因子模块旁路导致试验中断。经检查为驱动板光纤插头组装不到位，接触不良引起子模块旁路。

2019 年 5 月 11 日，宜昌站单元Ⅰ进行渝侧换流阀满功率运行期间，换流阀监控后台报 A 相下桥臂 231 号子模块上行光纤通信校验错误故障、C 相下桥臂 273 号子模块驱动故障，均旁路成功。经现场检查 231 号故障子模块中控板至阀控上行光纤脱落，273 号故障子模块驱动板光纤插接松动。现场检查情况如图 2-36 所示。

(a)

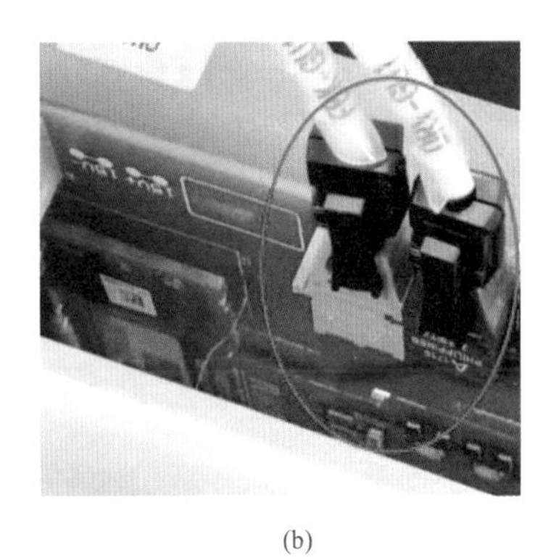

(b)

图 2-36 宜昌站故障子模块光纤插接情况

（a）231 号故障子模块光纤脱落情况；（b）273 号故障子模块光纤插接松动情况

2.3.10 子模块安装调试过程中应对子模块板卡、光纤等做好防护，防止外力造成子模块故障。

【释义】2019 年 12 月 27 日，中都站负极换流阀充电过程中，换流阀监控后台报 B 相下桥臂 2 号阀塔 137 号子模块上行通道校验故障，旁路成功。检查发现子模块中控板卡上的光纤发送口（TX 口）存在松动（见图 2-37），引起光纤接口异常导致子模块报通信故障。

图 2-37 中都站子模块中控板光纤发送口松动

2020 年 01 月 14 日，中都站负极换流阀充电过程中，换流阀监控后台报 A 相下桥臂 2 号阀塔 105 号子模块上行通道校验故障，旁路成功。检查发现子模块中控板卡上的光纤发送口（TX 口）存在引脚断针的情况，引起光纤接口异常导致子模块报通信故障，分析为换流阀子模块施工、调试过程中光纤头受力导致引脚断裂。

2019 年 6 月 18 日，宜昌站单元Ⅰ渝侧换流阀不控充电过程中，换流阀监控后台报 A 相上桥臂 340 号子模块旁路开关拒动，系统跳闸。检查发现中控板向阀控发送数据的光纤被压严重（见图 2－38），导致子模块上行光纤通信无法建立，阀控报旁路开关拒动故障引起跳闸。

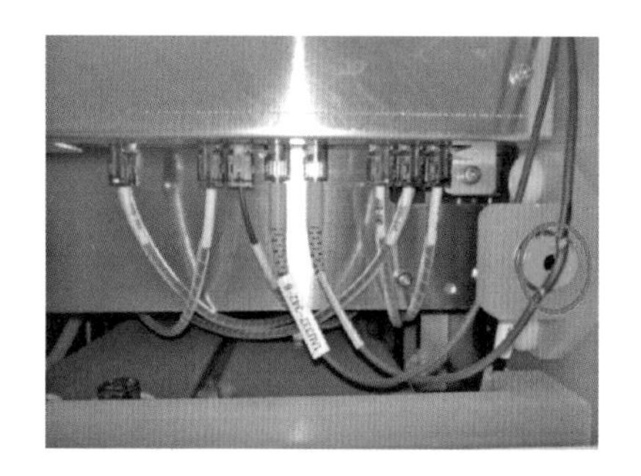

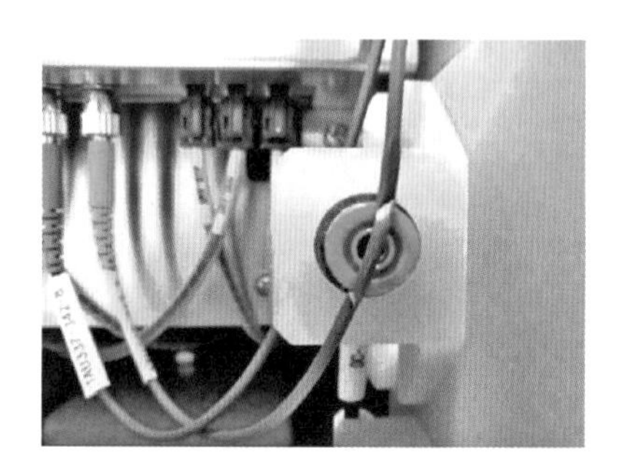

图 2－38　宜昌站子模块光纤被挤压

2.3.11　应检查阀控机箱内板卡、光纤等连接紧固，无松动。

【释义】2020 年，舟泗站换流阀解锁运行期间，换流阀监控后台报 B 相下桥臂 2 号阀塔 4 层 4 号阀段 4 号子模块驱动故障，旁路成功。对子模块检查过程中发现中控板至驱动板之间的通信光纤插接不牢，重新插接后模块功能测试正常。

2.3.12　设计单位和换流阀厂家应共同核对换流阀安装施工图纸、电气主接线图纸的正确性，确保阀塔电容极性正确。

【释义】2019 年，延庆站负极换流阀安装施工过程中，因电气图纸与施工图纸设计存在纰漏，导致负极换流阀上下桥臂及阀控系统安装颠倒。

2.3.13　阀控系统屏柜内送至冗余系统的光纤（缆）应布置在屏柜两侧，光纤（缆）弯曲半径应大于光纤（缆）直径的 15 倍，光纤自然悬垂长度不宜超过 30cm。

2.4 调试验收阶段

2.4.1 检查子模块控制板卡光纤、阀塔等电位线接线正确，连接固定可靠。

【释义】2019 年 4 月 11 日，宜昌站单元Ⅰ换流阀充电试验期间，换流阀监控后台报 B 相下桥臂 161 号子模块驱动异常，旁路开关拒动并申请跳闸。经检查导致驱动板的反馈光纤座存在开路，导致子模块故障旁路，同时因旁路开关回报光纤插错（见图 2–39），造成旁路开关的状态信息无法上报，中控板误判旁路开关拒动，申请跳闸。

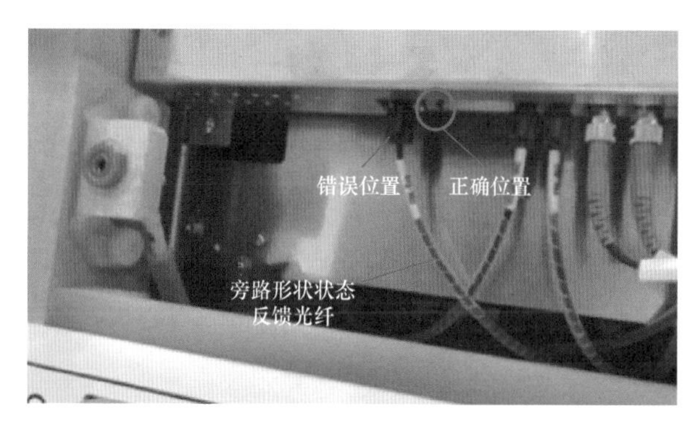

图 2–39 宜昌站子模块旁路开关光纤插错

2020 年 1 月 13 日，中都站正极换流阀充电过程中，换流阀监控后台报 A 相下桥臂 2 号阀塔 40 号子模块黑模块故障，旁路成功。经检查为子模块取能电源板与中控板连接的 15V 电源正极线存在松动，可用手将端子线从卡槽中拔出，接线松动导致中控板卡取电异常，从而系统报出通信故障及黑模块故障。

2020 年 4 月 27 日，阜康站负极换流器解锁运行期间，换流阀监控后台报 A 相上桥臂 74 号子模块与 A 相下桥臂 176 号子模块故障，旁路成功。经检查中控板与上下管驱动板光纤接反。

2021 年 12 月 30 日，施州站单元Ⅱ渝侧换流阀解锁运行期间，因换流阀 C 相下桥臂 3 号阀塔 4 层 4 号阀段 6 号子模块处的屏蔽罩等电位连接点与子模块金属底座接触不良导致悬浮电位放电。

2.4.2 子模块低压加压试验开始前，需进行阀塔断引。结束后，需恢复断引点并测量接头接触电阻是否满足要求。

2.4.3 子模块低压加压试验过程中，试验装置应可靠接地，试验人员应与试验子模块保持足够的安全距离。并核对子模块编号，防止误下发命令给其他子模块。对于

采用电容加压方式时每个子模块加压值不低于IGBT退饱和保护定值。

2.4.4　子模块低压加压试验完成后，需确认子模块旁路开关在分位、子模块中控板测试模式退出（如有）。

【释义】 2015年11月3日，鹭岛站极1换流阀充电过程中，换流阀监控后台报C相下桥臂4号阀塔37号子模块黑模块，旁路成功。经检查为漏分旁路开关。

2019年4月11日，宜昌站单元Ⅰ鄂侧换流阀充电解锁过程中，换流阀监控后台报C相上桥臂343号子模块与A相下桥臂43号子模块过压，均旁路成功。经检查子模块中控板上拨码开关位置错误（子模块中控板包含一个两位拨码开关，其中一位是漏水传感器使能开关，另一位是工程模式/调试模式选择开关），使子模块中控板一直处于测试模式。由于在操作时误动模式选择开关，使子模块中控板无法正确执行阀控下发的命令，造成可控充电过程中电容电压不断升高，最终报过压故障。

2020年4月27日，阜康站负极换流阀充电过程中，换流阀监控后台报C相下桥臂240号子模块故障产生，旁路成功。经检查为漏分旁路开关。

2020年7月29日，康巴诺尔站负极换流阀充电过程中，换流阀监控后台报C相下桥臂3号阀塔19–24号子模块通信异常，引起直流系统跳闸（原黑模块策略为跳闸），原因为电容器短路系统未分到位。

2.4.5　调试阶段，阀控程序升级应严格执行软件审批流程，并对升级后的程序功能进行验证。

【释义】 2021年9月29日，中都站正极换流阀解锁时，双套阀控系统检测出桥臂电流监视异常，双套阀控系统不可用VBC_NOT_OK，引起直流系统跳闸。故障原因为送电前阀控系统程序升级，将VCP（阀控主机）接收VBCP（桥臂控制单元）上送的桥臂电流系数设置错误（程序设置为1，实际应为0.01），导致上下桥臂电流之和的差值达到判定门槛值，阀控判出桥臂电流监视异常，双套阀控系统不可用VBC_NOT_OK，引起直流系统跳闸。本次阀控程序升级后未进行现场带电补充试验，导致未及时发现阀控程序参数设置错误。

2.4.6　控保联调阶段，应充分验证阀控策略不会导致换流阀过流保护误动作。

2.4.7　验收阶段，应验证阀控转发控保后台点表及阀控自身后台点表中跳闸、告警信号的正确性。转发机制应设置合理，避免阀控后台出现卡顿、死机和漏转报文等现象。

【释义】2020 年 5 月 4 日，康巴诺尔站 OWS 上正极换流阀遥测表 A 套和 B 套系统数据无法进行实时更新。检查发现阀控系统 IEC 61850 转发进程停止工作。经分析导致 IEC 61850 规约处理进程出现异常（停止工作）的原因很可能是某些时刻上送数据量过大。修改阀控 IEC 61850 规约的模拟量上送机制，取消由数据变化率触发上送的功能（该机制很难对上送数据量进行精准的控制），改为定时上送（如每间隔 1s 触发一次模拟量上送）。

2020 年 5 月 6 日，康巴诺尔站 OWS 上正极换流阀遥测表 A 套系统数据错报，经分析为充电、解锁过程中，数据更新量较大，全部用 IEC 61850 规约进行传输，导致堆栈数据量过大，程序产生紊乱。通过修改阀控程序，每 1s 中通过 IEC 61850 规约向南瑞控保发送一次模拟量信号（均为监视信号），合理利用堆栈资源，问题未再出现。

2021 年 10 月 15 日，延庆站换流阀子模块旁路报文“旁路数发生变化”未转发给控保 OWS 后台。经检查阀控服务器程序存在 bug 导致每次 0 点发生的 SOE 都判成非法，不转发给控保后台，经服务器程序升级后恢复正常。

2.4.8 检查阀控室、阀控屏防水、防潮措施到位。

2.5 运维检修阶段

2.5.1 换流阀正常运行及检修、试验期间，阀厅内相对湿度应控制在 60%以下且保证阀体表面不结露，如超过或结露时应立即采取相应措施。

2.5.2 换流阀带电前，应检查阀塔底部冷却水主回路蝶阀开通、顶部排气阀关闭、阀控检修模式退出。

【释义】阀塔底部冷却水主回路蝶阀为阀塔冷却水的总阀门。碟阀关闭后，阀塔冷却水停止循环，因阀塔无水温监测告警功能，若换流阀运行将导致整座阀塔子模块 IGBT 损坏。

2020 年 5 月 6 日，康巴诺尔站在进行低压加压试验中，通过阀控将换流阀置位为检修模式，测试结束后未对该模式进行复位（仍为 1，未清零），未转为正常模式。

充电时，阀控因处于检修模式，同时又收到控保发送的充电信号，认为异常进行跳闸保护。

2020年5月15日，施州站单元Ⅱ鄂侧A相下桥臂2号阀塔顶部排气阀故障喷水，漏水监测装置报警，申请停运后更换故障排气阀并手动关闭单元Ⅱ所有阀塔顶部排气阀的手动球阀。

2.5.3 检修后换流阀首次带电时应进行关灯检查，观察阀塔内是否有异常放电点。

2.5.4 运行期间应记录和分析阀控系统的报警信息，掌握子模块、光纤、板卡的运行状况。当桥臂子模块故障个数接近冗余数量的90%时，应申请停运直流系统并进行全面检查，更换故障子模块后方可再投入运行，避免发生误闭锁。

2.5.5 对于子模块旁路开关拒动采用跳闸策略的换流阀，运行过程中发生子模块上行通信故障时，应通过阀厅视频辅助系统、红外系统、子模块的控制板卡指示灯等方式判断子模块是否旁路成功。若发现旁路未成功，应紧急停运。

2.5.6 阀控系统检修完成后，应复归阀控系统跳闸出口信号，检查确认OWS后台阀控跳闸信号、VBC_NOT_OK信号等均已复归，退出检修模式。

2.5.7 对阀塔检修前应对子模块进行充分放电，验明无电后方可开展相关工作。

2.5.8 年度检修期间应检查阀塔内子模块元器件是否存在放电痕迹及异物。

2.5.9 水电极抽检过程中，应避免管道内残留冷却水飞溅到其他子模块。水电极抽检完成后应检查等电位线连接牢固。

【释义】因阀塔冷却水管路的回路结构和不平整度，阀塔排水后，阀段主水管中依旧残留一部分冷却水，当取下水电极后，将可能导致冷却水飞溅到下层子模块上，影响下层正常子模块。

2.5.10 更换子模块与插拔光纤操作后，需进行低压加压测试。

【释义】2019年12月13日，中都站正极换流阀充电过程中，换流阀监控后台报C相上桥臂2号阀塔13号子模块黑模块，旁路成功。原因为子模块现场低压加压测试完成后，因光纤供货单位人员检查更换子模块光纤标签，在恢复时误将光纤接反，换流阀充电后，阀控无法与该子模块建立通信从而报黑模块。

2020年4月27日，阜康站负极换流阀解锁运行期间，换流阀监控后台报A相上桥臂 74 号子模块与 A 相下桥臂 176 号子模块故障，旁路成功。原因为中控板至上下管驱动板光纤接反，未重新进行低压加压试验。

2.5.11　换流阀间隔内直流电压互感器加压或子模块低压加压等试验前，需进行阀塔断引。结束后，需恢复断引点并测量接头接触电阻是否满足要求。

2.5.12　检修期间对阀塔内接头紧固情况进行检查，着重对阀段间母排的接触电阻进行测量，对存在问题的接头应按相应工艺要求加以处理。

【释义】2021 年 9 月 13 日，延庆站正负极换流阀检修期间，发现阀段间母排接触电阻远超 10μΩ，最大为 60μΩ。

2.5.13　换流阀年度检修期间，应对阀厅屋顶等基建设施进行例行检查，确认无渗水、破损。

【释义】2019 年，舟泗站年检期间对 C 相下桥臂 1 号阀塔上下层间距较近位置模块的 7 例故障子模块进行检查，发现子模块表面污水痕迹较明显。因子模块故障时间大部分在大雨天气，推测子模块对应阀厅屋顶位置处渗水导致子模块中控板卡沾水后，易出现局部电路短路的情况，导致模块故障旁路。对子模块进行低压加压测试功能正常，通信正常，清洁后将旁路开关分闸，上电运行良好。

2.5.14　对频繁报通信故障的光纤通道，年检期间应进行光纤头的检查或更换。

【释义】舟泗站 A 相上桥臂 119 号子模块在 2014 年 7 月 23 日、8 月 10 日、8 月 17 日多次报出通信异常发生和消失。8 月 18 日 11:13 报警后未复归，旁路成功。现场检查中控板上行通信故障，中控板光模块存在污渍，清洁光模块后，子模块恢复正常。

2.5.15　阀控软件的入网管理、现场调试管理和运行管理应严格遵守《国家电网公司直流控制保护软件运行管理实施细则》相关规定，严禁未经批准随意修改阀控软件。

【释义】 2020 年 4 月 27 日，延庆站对阀监视系统 VM 软件升级后，阀控快速闭锁通道无法检测。经分析为修改程序时未考虑到阀控相关重要标志位的清除范围，导致运行人员操作界面软件复归指令下发后阀控系统一直处于自动复归的状态，无法识别快速闭锁通道状态。其中阀控复归指令下发后桥臂控制单元将清除请求跳闸信号（如果导致 VBC 跳闸的故障未清除，则跳闸信号仍然保持，即使执行软件复归也无法清除），并将接收快速闭锁光纤通信故障计数器清零。

3 防止控制保护设备事故

3.1 规划设计阶段

3.1.1 直流控制系统应采用主备冗余配置，直流保护系统应采用完全双重化或三重化配置，每套控制保护装置应配置独立的软、硬件，包括电源、主机、板卡、输入输出回路和控制保护软件等。当一套控制保护装置任一环节故障时，应不影响其他冗余的控制保护装置运行，也不应导致直流闭锁。

【释义】直流控制系统范围包括站间协调控制系统（如有）、极控制系统、换流器控制系统（如有）、直流站控系统（如有）、交流站控系统等。

直流保护系统范围包括极保护、直流母线保护（如有）、直流线路保护（如有）、换流变保护系统等。

施州站极控装置配有阀侧断路器偷跳逻辑，偷跳逻辑通过阀侧断路器位置接点进行判断，由于双套极控装置通过同一个航空插把采阀侧断路器位置接点，当该插拔存在异常时，可能导致直流系统闭锁或偷跳逻辑拒动。

3.1.2 直流控制系统至少应设置三种工作状态，即运行、备用和试验。“运行”表示当前为有效状态、“备用”表示当前为热备用状态、“试验”表示当前处于检修测试状态。

3.1.3 直流保护系统应设置两种工作状态，即运行、退出。“运行”表示当前为有效状态、“退出”表示保护功能退出。

3.1.4 处于非运行状态的直流控制保护系统中存在跳闸出口信号时不得切换到运

行状态，避免异常信号误动作出口跳闸。

3.1.5　直流控制系统应设置三种故障等级，即轻微、严重和紧急。轻微故障指设备外围部件有轻微异常，但不影响正常控制功能，需加强监测并及时处理的故障；严重故障指设备本身有较大缺陷，但仍可继续执行相关控制功能，需要尽快处理；紧急故障指设备关键部件发生了重大问题，已不能继续承担相关控制功能，需立即退出运行进行处理。在故障性质定义时，不得随意扩大或缩小紧急故障的范围。

3.1.6　运行的直流控制系统应是双重化系统中较为完好的一套，当运行控制系统故障时，应根据故障等级自动切换。控制系统故障后动作策略应至少满足如下要求：

（1）当运行系统发生轻微故障时，若另一系统处于备用状态且无任何故障则系统切换。切换后，轻微故障系统将处于备用状态。当新的运行系统发生更为严重的故障时，还可以切换回此时处于备用状态的系统。

（2）当运行系统发生严重故障时，若另一系统无任何故障或轻微故障时则系统切换，若另一系统不可用则该系统可继续运行。

（3）当运行系统发生紧急故障时，若另一系统处于备用状态则系统切换，切换后紧急故障系统不能进入备用状态，若另一系统不可用则闭锁直流。

（4）当备用系统发生轻微故障时，系统状态保持不变。若备用系统发生紧急故障时，应退出备用状态。

3.1.7　采用三重化配置的直流保护，三套保护均投入时，出口采用“三取二”模式；当一套保护退出时，出口采用“二取一”模式，双极中性母线差动保护、接地极线差动保护（如有）出口宜采用“二取二”模式；当两套保护退出时，出口采用“一取一”模式，接地极线差动保护（如有）不出口；任一个“三取二”模块故障，不应导致保护拒动和误动。

3.1.8　采用双重化配置的直流保护，每套保护应采用“启动+动作”逻辑，启动和动作元件及回路应完全独立，不得有公共部分互相影响。

【释义】 2017 年 2 月 24 日，舟岱站、舟洋站和舟泗站启动，舟岱站、舟洋站和舟泗站操作顺利，14:19 舟岱站和舟泗站换流器投运行，14:23:54，舟洋站无源 HVDC 解锁运行，随后发生阀侧零序电压保护跳闸。

舟山柔性直流保护系统采用双重化配置，每一套保护采用“启动+保护”的出口逻辑。舟山柔性直流系统阀侧零序电压保护的范围为换流阀和直流场，作为阀区接地故障的后备保护，动作定值为 0.4p.u.，动作时间为 150ms。舟洋站由于 B 套阀侧零序电压保护的 A 相 PT 断线，且启动和保护用的模拟量的二次回路未独立，因此引起零序电压保护动作。

后续极控PCP的保护动作逻辑采用HGIS阀侧TV2,PCP的启动逻辑采用联接变阀侧PT1，实现了阀侧零序电压保护启动和保护通道采样的完全独立，避免出现单个PT绕组回路故障引起的阀侧零序电压保护动作。

3.1.9 直流控制保护系统的装置电源应采用双路完全冗余供电方式，两路电源应分别取自不同（独立供电）的直流母线。单路电源供电异常时不应影响设备正常工作，任意一路电源异常时均应具备完善的自监视功能。

3.1.10 冗余的直流控制保护系统的信号电源应相互独立，取自不同直流母线并分别配置空气开关，防止单一元件故障导致两套系统信号电源丢失。

3.1.11 每套控制保护装置至测量装置本体的测量回路应完全独立，一套控制保护装置的测量回路出现异常，不应引起系统跳闸。

【释义】2016年12月13日，浦园站极Ⅰ进行电压合并单元C套断电试验，极Ⅰ直流保护装置直流低电压保护Ⅰ段动作。原因在于直流分压器一次分压后经一根同轴电缆接入一块二次分压板，每块二次分压板对应三路数据采集单元（电压合并单元），如图3-1所示。合并单元输入端本身为一个电阻，与二次分压板的低压臂并联，当合并单元上电时输入端电阻阻抗大于10MΩ，二次分压板低压臂为千欧姆级电阻，并联后整体阻抗基本不变。当合并单元下电时其输入端电阻阻抗从大于10MΩ，降低到千欧姆级。因此，C套合并单元断电后，改变了分压比，对另外两路电压测量值产生影响，从而导致直流保护A、B套直流低电压保护动作。后续通过在二次分压板与合并单元之间增加隔离措施解决了此问题。

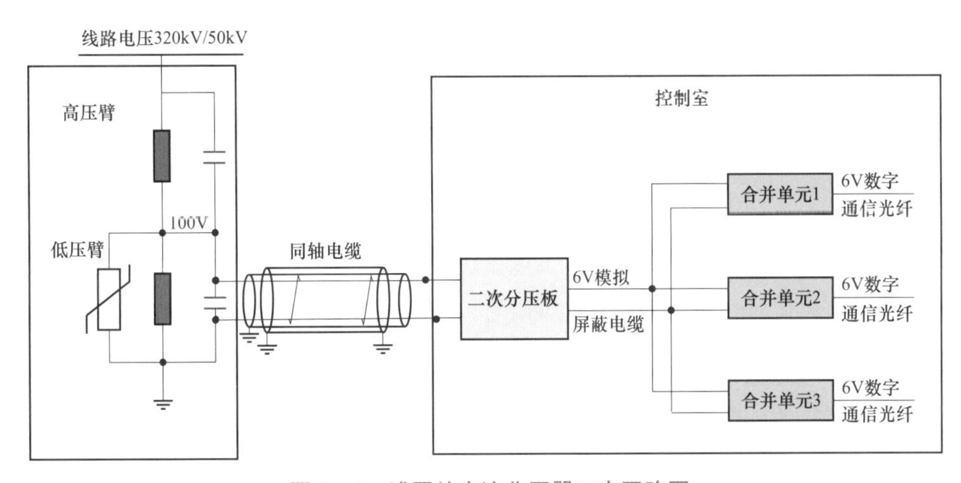

图3-1 浦园站直流分压器二次回路图

2020年6月1日，康巴诺尔站模拟极控TV断线试验时，直流分压器二次分压板二次测量电缆一路断线情况下，另外两路测量回路阻容系数发生变化，导致电压异常升高，极控装置电压达到系统过电压保护定值后引起系统跳闸。

3.1.12 直流控制保护系统应具备完善、全面的自检功能，自检到主机、板卡、总线、测量等故障时应根据故障级别进行报警、系统切换、退出运行、停运直流系统等操作，且给出准确的故障信息。

3.1.13 直流控制系统主机/冗余切换装置间通信监视信号、出口闭锁信号应采用光信号传输，具备纠错功能，避免电信号不稳定导致直流闭锁。

3.1.14 冗余的直流控制系统之间应尽量避免软件版本不一致，在软件升级过程中不应设置软件版本对比校验功能，避免因单套控制系统程序升级后两套控制系统软件版本不一致，导致退出的控制系统无法转入备用。

【释义】部分厂家的两套控制保护系统之间存在版本比对校验功能，在试验状态先进行程序升级的控制保护系统完成程序升级后，因与当前运行系统的版本比对校验不通过，无法将其切换至备用及以上状态，需要将当前运行系统的版本比对校验结果进行软件置位操作，才能将升级后的系统切换至运行状态。

3.1.15 冗余的直流控制系统间应具有完善的同步机制，防止因主备系统信号差异导致控制系统切换后造成电网扰动或直流闭锁。

【释义】2019年6月3日，舟洋站运行于无源模式，值班系统由A套切换至B套后，高频分量保护动作，造成舟洋站跳联结变开关，换流器正/负极开关、正/负极母线闸刀，舟洋站单站退出。

原因为柔性直流系统孤岛运行时，网侧交流电压锁相相位由值班系统自产所得，值班系统和备用系统分别自产锁相相位，由于值班系统和备用系统自产相位没有做同步处理，两套系统自产相位不一致，所以值班系统由A套切换至B套后存在相位扰动，导致参考波发生较大的相位突变，引起阀侧电压、电流出现谐波，高频分量保护动作。后续对直流控保程序进行升级，孤岛运行时锁相相位由值班系统自产所得，备用系统跟踪运行系统锁相相位，保证两套控制系统锁相相位一致，系统切换过程中无相位扰动。

3.1.16 当冗余的直流控制系统间失去调制电压同步功能后，应避免进行系统切换，防止系统切换后因调制波偏差量过大导致直流闭锁，同时尽快安排停电，避免长时间单系统运行。

【释义】延庆站调试期间，极控装置A套值班、B套备用，断开1118板卡间状态量通信引起系统切换，B套升为值班，A套退至备用后失去同步。继续断开1192板卡间主从通信，再次引起系统切换，A套升为值班系统，与原值班系统调制波差异较大，导致换流阀闭锁。通过修改程序，在断开极控双系统1192板卡间系统通信后，极控双系统不切换，防止调制波偏差过大导致直流闭锁。

3.1.17 交叉连接的不同控制主机间通信时，主、备控制系统均应将相关信号送至对侧主机，且该类信号处于实时更新状态，防止控制系统切换后，导致系统跳闸。

【释义】2020年5月10日，阜康站下令模拟极控PCPA与交流测控ACCB通信故障试验，试验前PCPA处于运行状态，ACCB处于运行状态。模拟通信故障后，ACC系统切换，ACCA升为运行系统，最后断路器逻辑动作，负极闭锁，5033跳开。检查ACC程序发现，仅运行状态的ACCB上送开关位置信息至PCP，由于PCPA仍保留备用ACCA系统中最后断路器跳闸逻辑中的开关位置信息，且未更新，因此当ACCA升为主用系统后，触发PCP最后断路器跳闸逻辑，系统跳闸。后续修改程序当ACC处于运行或备用时都将数据上送至PCP。

3.1.18 直流控制保护主机在试验状态下的任何操作不应导致跳闸出口。

【释义】直流系统运行过程中进行单套直流控制保护系统检修时通常将该套系统设置为试验状态，防止检修过程中的跳闸信号误出口。舟山柔性直流年检过程中模拟故障跳闸试验时发现：当直流控保两套系统一套处于运行、一套处于试验状态时，处于试验状态的直流控保系统依然会将跳闸信号传给运行主机，导致跳闸出口。

3.1.19 处于备用或者服务状态（如有）的直流控制保护系统检测到故障消失后，应能自动复归对应IO跳闸出口信号。

【释义】2019年12月31日，延庆站在开展直流启停试验时，极连接过程中，正极交流启动区断路器合闸后再次跳闸，检查发现正极极控装置PCP B系统处于服务状态，且IO始终保持跳闸出口信号。原因为在之前开展紧急停运试验时，延庆站接收到跳闸信号后，PCP值班系统出口，原备用系统收到跳闸命令后，退出备用状态，转为服务状态并保持跳闸命令。因此，延庆站在合上交流启动区断路器后，因跳闸信号保持，导致断路器立即跳闸。

3.1.20　若换流站存在多个换流单元均处于运行状态，且交流侧处于分裂运行方式时，无功类控制模式应能避免交流电压控制异常。

【释义】渝鄂工程交流场采用3/2接线方式，原控制保护程序配置中开关联锁功能，两个边开关跳闸后直接闭锁柔性直流换流单元。因柔性直流可以通过中开关带线路运行，联调试验优化中开关联锁逻辑，出现两个边开关跳闸时，换流单元维持运行。

因渝鄂工程换流站内配置两个柔性直流换流单元，出现中开关联锁后，两个换流单元在换流站内不再合母，此时两个换流单元各自带交流出线运行，即处于分裂运行方式。两换流单元网侧电压存在差异，无法以其中一个电压为目标进行交流电压控制，同时，为避免两换流单元均控制各自交流电压带来电压反复调节问题，无功类控制模式强置为无功功率控制模式。

3.1.21　柔性直流换流阀、换流变压器不能作为明显的电气隔离点，与柔性直流换流阀、换流变压器各侧直接相连的隔离开关、接地开关之间应设置联锁。

3.1.22　若交流场为3/2接线方式，顺控联锁逻辑的设计应考虑线路仅通过中开关带换流变运行的工况。

3.1.23　应合理设置启动区断路器与交流场换流变压器进线两侧隔离开关联锁逻辑，避免换流阀运行后交流场串内无法进行合环操作。

【释义】施州站鄂侧交流场第一串系统如图3-2所示，2020年11月8日，施州站鄂侧交流场第一串第三间隔处于连接状态，单元Ⅰ直流系统处于解锁状态，运行人员无法在后台操作第二间隔Q12（50322）隔离开关。导致无法对施恩Ⅱ线进行检修后的送电

操作。原设计考虑隔离开关操作合闸应与相邻断路器分位有联锁，因换流变压器不属于电气隔离点，所以换流变压器网侧隔离合闸操作关联阀侧断路器分位状态，施州站换流单元阀侧断路器处于合位状态，禁止与之相连的交流串隔离开关闭合，导致 50322 无法闭合。后续修改程序取消了启动区断路器与交流场换流变压器进线两侧隔离开关之间的联锁逻辑。

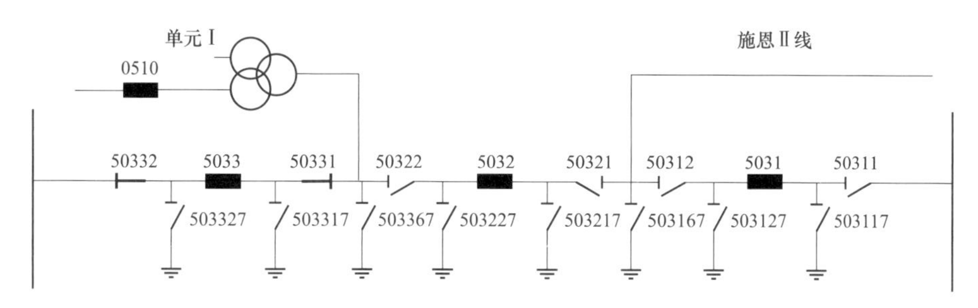

图 3–2 施州站鄂侧交流场第一串系统图

3.1.24 直流线路隔离开关、高压直流断路器（如有）的顺控联锁逻辑、参数应考虑相邻直流架空线路感应电压或高压直流断路器（如有）两侧隔离开关合闸后对直流线路、直流母线（如有）的充电电压影响。

【释义】 2019 年 11 月 6 日，中都–延庆端对端系统调试阶段，中都站模拟桥臂电抗器差动保护跳闸试验时，正极阀解锁状态，负极线路及负极母线感应电压为 55.92kV，导致 0522D–3 隔离开关（需检测线路电压 UDL 低于 50kV）、负极“极连接”功能（需检测负极母线电压 UDLB 低于 25kV）因不满足条件而无法操作。

2020 年 5 月 13 日，张北柔性直流电网四端方式启停试验，中都站发出中诺线正极直流线路连接命令后，中诺线正极线路直流断路器两侧隔离开关合上，直流线路空充电压达到 382kV，且衰减缓慢，不满足直流断路器合闸联锁条件，未发出直流断路器合闸命令。当时的试验工况下，中都站直流母线电压为 500kV，中诺正极线路在合上直流断路器两侧隔离开关后，由于直流断路器本身并非完全断口（开断情况下可等效为转移支路均压电容的串联，如图 3–3 所示），与线路的对地电容形成了分压电路，线路上出现了空充电压。

张北工程隔离开关的联锁条件中低电压判据定制按照额定电压 0.1p.u.或 0.05p.u.设计，但实际系统因杂散参数的影响直流线路和母线电压可能存在 0.5p.u.左右的感应电压或充电电压，造成隔离开关的联锁条件不满足。

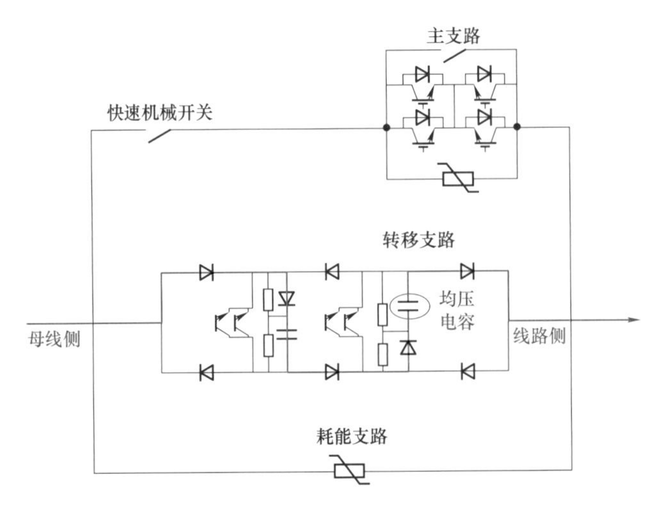

图 3-3　张北工程混合式直流断路器拓扑示意图

3.1.25　柔性直流电网中，若多个换流站均配置协调控制系统，当主控站的值班系统发生故障、需要进行系统切换时，应优先考虑站内切换。各站协调控制系统不置优先级，避免协调控制权在站间频繁切换。

【释义】张北柔性直流电网中延庆站和中都站配置有协调控制装置 SCC，四端调试过程中，模拟 SCC 备用系统正常、值班系统故障试验，验证 SCC 在站间切换功能时，延庆站在值班系统轻微故障后将 SCC 主控站切换至中都站，由于程序中延庆站的优先级设置为高于中都站，之后延庆站故障清除后主控站重新回到延庆站，导致协调控制权在中都站与延庆站多次切换。

3.1.26　多端柔性直流与柔性直流电网中，在正常状态下宜选择某一换流站作为定直流电压控制站，其他换流站配合平衡多端直流与直流网络的输入和输出功率。定直流电压控制站可以通过运行人员操作界面在不同换流站之间切换，当定直流电压控制站退出运行后，其他换流站中应至少有一个换流站可自动转为定电压控制，保障整个直流系统的电压稳定。

【释义】2020 年 3 月 7 日，舟定站–舟泗站–舟洋站三端运行，舟定站换流器由运行改充电时，舟泗站直流低电压保护Ⅱ动作，闭锁阀、跳联结变开关、三站连跳。经分析，舟定站闭锁后，由于舟洋站处于无源运行工况，未能接管定直流电压控制，而舟泗站在设计中未考虑直流电压接管功能，舟定站闭锁后，系统失去定直流电压控制站，直流电压跌落至 321kV 进而触发直流低电压Ⅱ段保护动作。现已通过运行方式预控规避该风险。

3.1.27 多端柔性直流与柔性直流电网中，若某一站相连直流线路处于未连接状态，该站保护动作时不应向其他未连接站发送远跳、极停运等跳闸信号，防止停电范围扩大。

【释义】2020 年 5 月 7 日，康巴诺尔–阜康站端对端正极运行，延庆–中都站端对端正极运行。阜康站直流断路器旁路开关 0512D–3 合位，阜延直流线路未连接，中诺直流线路未连接。在阜康站模拟阀侧连接线差动保护跳闸试验时，原本结果应只停运康巴诺尔–阜康端对端运行，但控保系统发出四站停全极命令，导致中都–延庆端对端同时闭锁停运。

原控保逻辑中，阀侧连接线单相接地故障且 0512D–3 合位时，保护动作结果为停运四端极层，因此阜康站向延庆站发送停运指令，但未考虑中延直流线路未处于连接状态，导致停电范围扩大。后续修改程序，直流线路未连接时本站不发送停全极信号、直流保护远跳信号至对站。

3.1.28 直流控制系统应根据一次设备性能及电网结构合理设置功率转带速率，以保证设备安全。

【释义】2016 年 12 月 15 日，厦门柔性直流工程端对端调试期间，试验前极Ⅰ有功功率 500MW，极Ⅱ有功功率 50MW，极Ⅰ紧急停运，在极Ⅰ功率转移至极Ⅱ过程中两站极Ⅱ直流保护过电压保护Ⅰ段动作。事故原因在于功率转带量接近单极满功率（达到 450MW）且功率转带的速度较快（功率转带过程在 20ms 内完成），引起送、受端功率变化不匹配，能量在直流侧累积，导致直流过压并跳闸。

3.1.29 直流控制保护系统应合理设计换流变压器网侧电流监视逻辑，使其能躲过换流变压器及近区变压器充电时的励磁涌流、和应涌流。

【释义】2020 年 5 月 1 日，康巴诺尔－阜康站正常启停试验时，阜康站正极处于解锁状态，负极换流变压器充电之后，正极报：IS－C 相电流测量异常报警，3s 后复归。主用系统报严重故障，备用系统退至服务状态。

2021 年 1 月 27 日，中都站正极运行合耗能变的开关为耗能变充电，约 12s 后后台报“IS A 相电流测量异常”，随后控制系统切换，原值班系统因严重故障退出备用。

3.1.30　与网侧交流电压谐波相关保护宜投告警，若投跳闸，应合理设计逻辑定值，使其能够躲过变压器充电时产生的励磁涌流及和应涌流，防止保护误动。

【释义】2021 年 1 月 28 日，阜康站正极与康巴诺尔站处于 HVDC 端对端运行状态，负极处于极连接状态，合上 5033 开关对负极换流变压器充电时，OWS 系统报“正极网测交流全电压谐波保护 C 相”动作。极保护装置中的全电压谐波保护，利用网侧交流电压 U_s 进行保护计算，用其谐波有效值和基波有效值比较，求出谐波占比 THD，检查录波发现 THD 大于保护定值，延时 1s 保护动作。

2021 年 1 月 28 日，通过阜康站 500kV 交流系统对丰宁抽水蓄能电站变压器进行充电，合上丰宁抽蓄电站进线开关后，负极极保护 PPR 三套网侧交流电压畸变率保护 B 相动作，闭锁负极换流器，极隔离。网侧电压畸变率保护通对网侧电压 U_s 进行傅里叶分解，取 2～40 次谐波幅值与基波占比进行计算，求得 2～40 次谐波的畸变率 THD，检查录波发现 THD 大于保护定值，延时 1s 保护动作。

3.1.31　若采用开关和隔离开关辅助接点作为判据时，开关和隔离开关应配置足够数量的辅助接点，确保冗余的控制保护系统采用独立的辅助接点。

3.1.32　直流控制保护系统不应仅通过断路器位置判断线路的连接与隔离状态，防止控制保护系统误动作。

【释义】2018 年 7 月 27 日，舟洋站换流器无源 HVDC 运行（定频率控制），洋沈 1933 线开关后台遥控无法合上。上报紧急缺陷，并申请舟洋站洋沈线开关由热备用改冷备用。随后检修人员对洋沈 1933 线开关进行就地电动合闸，洋沈 1933 线开关合闸后，舟洋站交流异常频率保护动作，换流阀闭锁、跳洋沈 1933 线开关、联结变开关、换流器正负极开关及两侧闸刀。交流频率异常保护的逻辑判据为频率差 0.5Hz，延时为 2000ms。辅助判据为网侧开关合位。对洋沈 1933 线开关进行就地电动合闸后，交流系统频率异常保护判据满足，保护出口跳闸。线路连接的判据过于简单，仅以断路器的位置作为判断依据，应综合考虑断路器以及两侧的隔离开关位置。

3.1.33 在换流变压器进线电压互感器失压判断逻辑中，应综合考虑电压互感器空气开关接点和交流低电压判据，防止空气开关接点异常导致控制系统紧急故障。

【释义】阜康站极控装置在换流变压器网侧交流电压失压的判据中，极控屏柜中的交流电压空气开关为分位时即判为换流变压器网侧交流电压丢失，报紧急故障，存在电压空气开关接点松动导致极控装置紧急故障的风险。

3.1.34 不应将交流断路器保护动作信号作为最后断路器逻辑动作的判据，防止因断路器偷跳，但保护未发出跳闸信号，导致最后断路器逻辑拒动，引起设备过电压。

【释义】宜昌站最后断路器逻辑设置在交流站控主机中，以 5021 最后断路器逻辑为例，其动作逻辑为交流站控收到 5021 预分信号的同时，还需收到保护跳闸信号或操作箱出口信号，如图 3-4 所示。该逻辑仅考虑了保护跳闸分开最后断路器的情形，就地分闸、控制分闸、开关偷跳等行为均未考虑，一旦开关发生偷跳，最后断路器将拒动，引起设备过电压。

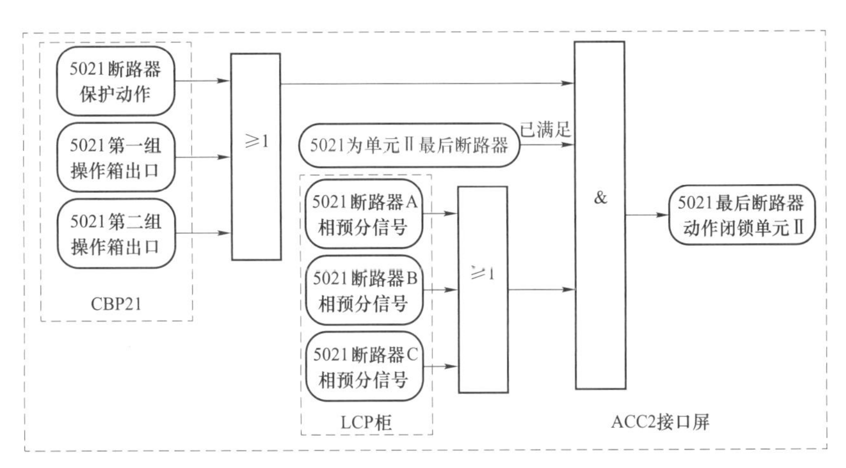

图 3-4 宜昌站 5021 最后断路器逻辑图

3.1.35　处于孤岛运行的送受端换流站因直流闭锁（单极运行单极闭锁、双极运行双极闭锁、双极运行单极闭锁）导致直流功率无法送出时，控制保护系统或稳控系统应能及时跳开交流电源进线开关以及站用变压器高压侧开关。

【释义】2020年10月26日，中都–延庆正极端对端运行，输送负荷320WM，中都站处于孤岛运行状态。中都站负极完成极连接操作，等待延庆站负极充电，延庆站合交流进行开关对负极换流器进行充电时，正极换流变压器谐波保护动作，延庆站正极换流阀闭锁，延庆站闭锁后，协控启动运行方式优化，闭锁中都站正极换流阀。由于安全稳定系统未投入运行，且直流控保系统没有设计跳交流电源进线开关的逻辑，导致新能源场站持续向中都站输送功率，引起中都站交流母线过压，站内多处设备出现过压损坏。

3.1.36　直流保护系统检测到测量异常时应可靠退出对应保护功能，测量恢复正常后再投入相关保护功能，防止保护不正确动作。

3.1.37　应尽量避免暂态特性不一致的互感器，采用暂态特性不一致的电流互感器时，应进行特殊试验确保满足技术规范要求，同时控制保护系统应具有防止互感器特性不一致引起保护误动的措施。

【释义】2021年11月22日，延庆站大负荷试验期间，功率升至1350MW以上，阀侧交流连接线差动保护和阀侧交流差动保护告警。阀侧连接线差动保护差流$I_{dif}=|I_{vT}+I_{vC}|$，计算差流的有效值与定值比较，报警定值为286.28A，报警段延时3s；阀侧交流差动保护差流$I_{dif}=|(I_{bP}-I_{bN})-I_{vT}|$，计算差流的有效值与定值比较，报警定值为203.16A，报警段延时5s。其中I_{vT}表示换流变压器网侧电流，采用电磁式电流互感器，I_{vC}表示换流变压器阀侧电流，I_{bP}表示换流阀上桥臂电流，I_{bN}表示换流阀下桥臂电流，I_{vC}、I_{bP}、I_{bN}均采用光TA。

通过查看录波，发现I_{VT}与I_{VC}、I_{BP}、I_{BN}存在微量的相位差，相位差在200μs到300μs左右，在功率增大后，差流也增加，最终导致保护告警。因不同原理的电流互感器采样延时不同，控保程序对I_{VT}进行延时补偿，延时200μs后，解决此问题。

3.1.38　非电量保护跳闸接点和模拟量采样不应经中间元件转接，应直接接入直流控制保护系统或非电量保护接口装置。

3.1.39　测量装置布置应与所保护设备的范围一致，采用SF_6气体绝缘的直流分压器穿墙套管非电量保护动作范围应与一次设备安装位置保持一致，防止扩大保护动作范围。

【释义】阜康站每一极配置两条直流线路，原来程序中，该极任一条直流线路上的直流分压器非电量保护动作，停运该极两条直流线路，扩大了事故范围。

3.1.40 跳闸回路出口继电器及用于保护判据的信号继电器动作电压应在额定直流电源电压的55%～70%，动作功率不宜低于5W。

3.1.41 应根据电阻器厂家提供的电流时间特性曲线配置电阻器反时限过流保护，防止因保护设置不合理导致电阻器损坏。

【释义】2017年7月14日，鹭岛站检修工作结束，准备送电。鹭岛站极Ⅰ正常不控充电建立起极线直流电压，在浦园站极Ⅰ不控充电过程中，启动电阻三相烧损，保护跳闸。事故原因为换流变压器检修中产生的剩磁导致充电电流衰减缓慢，原启动电阻保护方案仅配置启动电阻定时限过流保护，因此导致启动电阻长时间流过较大的电流超过其热容量限值而烧损。

3.1.42 换流阀OLT过流跳闸逻辑应充分考虑换流阀带线路、换流阀带线路及对侧换流阀等各种工况下的OLT试验，防止OLT过流误跳闸。

【释义】2020年4月27日，阜康站正极换流器带阜诺直流正极线及康巴诺尔站正极换流器进行OLT试验，OLT手动方式下设置正极直流电压参考值450kV，阜康站换流器解锁后，阜康站OWS事件记录报“空载加压试验直流过电流保护动作”，阀侧交流断路器跳闸，换流器闭锁，极隔离。

原设计中未考虑这种OLT试验工况，OLT过流保护定值整定中只考虑带线路的影响，未考虑带线路对对站换流阀充电时的正常电流，OLT过流保护定值为450A，延时4ms动作，本次试验中实际电流峰值达到567A引起保护动作，后续将定值修改为780A。

3.1.43 启动电阻三相电流采样异常，直流控制系统不应置紧急故障。

【释义】2021 年 2 月 3 日，宜昌站启动电阻 TA B 相品质异常导致了极控主机的退出。极控装置中模拟量品质异常判断逻辑为：检测有采集的模拟量通道，如果任一通道的品质异常连续 50 帧（即 5ms），置紧急故障。由于一些模拟量不是控制功能使用的关键模拟量，会造成不必要的控制主机退出。

3.1.44 当换流阀已处于解锁状态时，应屏蔽启动电阻自动旁路失败紧急故障逻辑。

【释义】施州站和宜昌站在换流器充电时，启动电阻自动旁路失败，产生紧急故障的判据为：网侧进线断路器处于合闸状态下，在阀侧断路器闭合的 44s 内，启动电阻旁路隔离开关合闸状态没有产生，则强置本极控为紧急故障，该判据在换流器解锁状态下依然有效。

在换流器解锁后，启动电阻旁路隔离开关必然处于合闸状态，此时，如果启动电阻旁路隔离开关合闸状态信号丢失，将导致极控误判启动电阻自动旁路失败，强置本极控为紧急故障。

3.1.45 直流控制系统和阀控系统的接口设计应满足招标文件技术要求，采用标准化接口设计。

3.1.46 两套极或换流器控制系统均紧急故障时，应能及时闭锁阀。

3.1.47 极或换流器控制系统检测到阀控系统故障时应产生相应事件记录，事件记录应完备、清晰、明确，避免出现歧义。

3.1.48 直流控制保护系统与子系统（阀冷控制系统、直流断路器控制系统、耗能控制系统等）的接口设计应满足招标文件技术要求，并满足如下要求：

（1）直流控制保护系统与子系统之间应交叉连接。

（2）子系统仅执行运行状态的直流控制保护系统下发的指令。

（3）直流控制保护系统及各子系统中任何总线、局域网络等通信或设备异常时均应有报警事件。

3.1.49 柔性直流换流站交直流场 I/O 接口屏应能直接发送或接收开关量信号，避免采用配置有复杂监视逻辑的智能终端等设备，防止隔离开关误分合。

【释义】2021 年 12 月 17 日，龙泉站 5032、5031 开关运行状态下先后分闸，导致宜昌站单元Ⅱ直流系统闭锁，现场检查发现宜昌站智能终端（布置在龙泉站）的 5032 开关出口压板有跳闸信号，5032 开关保护装置有失灵保护开入信号，智能终端的 5031 开关出口压板无跳闸信号。

同时发现，智能终端内部一副跳闸端子异常闭合，并存在丢失 CAN 报文和启动继电器复位逻辑不完善两点设计缺陷，特殊情况下存在误动风险。因此推测 5032、5031 分闸原因为智能终端误发开关跳闸信号，导致宜昌站单元Ⅱ闭锁。

3.1.50 若直流控制保护系统配置了通过交流站控系统 ACC 出口跳闸换流变进线开关的回路，在直流系统闭锁或检修状态下，应采取措施防止交流站控系统误出口。

【释义】2021 年 1 月 13 日，现场工作人员进行舟岱站事故总信号改造后的测试工作。在与地调核对事故总信号点位时，在控保后台模拟换流变电量保护跳闸形成事故总信号，直流控制保护动作引起岱蓬 2R37 线开关跳闸。原因是直流控保（PCP）跳网侧开关的跳闸回路有三路，除了 PCP 装置本身的两路跳闸回路外，PCP 会通过光纤发送跳闸信号给交流控制（ACC），通过 ACC 的控分回路进行跳闸，原跳闸逻辑不完善导致检修过程中跳闸信号通过 ACC 出口跳开网侧开关。后续对直流控保程序进行升级，在换流阀阀闭锁及阀侧开关分位情况下，跳闸信号不通过 ACC 回路出口。

3.1.51 应对柔性直流系统接入空母线、空线路及新能源等各种工况，进行系统振荡风险仿真分析和评估，针对可能出现的谐振点采取必要措施。

【释义】2018 年 12 月 17 日，施州换流站单元Ⅱ渝侧 OLT 试验，渝侧解锁后，直流电压按照运行人员设定速率升至 756kV，在输入 780kV 电压参考值，直流电压上升过程中柔性直流与交流系统出现高频谐波现象，谐波主导频率为 14 倍频。

2020 年 12 月，康巴诺尔站新能源进线并网调试期间。康巴诺尔–阜康负极端对端孤岛运行状态，康巴诺尔站合上诺英线 2211 开关，负极高频分量快速保护动作，换流阀闭锁。振荡频率 1500Hz 左右。合上 2215 诺民线开关或 2216 诺旧线开关时，同样出现高频振荡跳闸，振荡频率主要集中在 700Hz～1600Hz。

2016年03月22日，沈家湾变蓬沈1946线由运行改热备用，舟洋站由联网转孤岛的过程中，出现高频谐波（650Hz左右）发散，7:32:56:145监控后台报1号、2号主泵交流电源故障，7:32:56:172无源运行模式投入、有源运行模式退出。7:33:10分舟洋站直流控制保护接收到两台主泵故障且进阀压力低跳闸动作跳闸，五端柔性直流跳闸。

2017年05月15日，当舟洋站换流器有源HVDC运行改无源HVDC运行过程中（联网转孤岛，沈家湾变洋沈1933线运行改热备用），舟洋站直流控制保护高频分量保护动作，换流阀闭锁、联结变开关跳开、极隔离，舟岱站、舟泗站、舟衢站三端正常运行。

3.1.52　直流系统投运后，当交直流系统接线方式、参数发生变化时，调度与运维单位应组织校核控制保护功能及参数，避免设备故障、保护误动或直流闭锁。

【释义】阜康站前期500kV交流母线只有阜金一线、阜金二线两回至金山岭站的交流出线，2021年6月扩建增加一回至金山岭站的500kV交流出线，阜康站极控中配有最后断路器跳闸逻辑，一次设备接线方式变化后，相应最后断路器跳闸逻辑也应同步更新。

舟山柔性直流年检过程中发现：舟定站（出口安装高压直流断路器）出现桥臂电抗器保护、阀差动保护、桥臂过流保护时会五站连跳，扩大了故障影响的范围。此动作结果执行的是直流出线未安装高压直流断路器之前的跳闸逻辑，安装高压直流断路器后的逻辑为：舟定站出现桥臂电抗器保护、阀差动保护、桥臂过流保护时只隔离舟定站，其他站仍可恢复正常运行。

3.1.53　双重化的直流控制保护主机应配置双物理网卡，每套直流控制保护系统应同时接入双重化的站LAN网，避免存在物理环网。

3.1.54　SCADA系统服务器、站LAN及主时钟应冗余配置，主时钟应交叉连接至站LAN网，防止单一主时钟故障导致SCADA对时全部丢失。

【释义】施州换流站SCADA的冗余LAN网均使用站主时钟屏内的同一个主时钟装置进行对时，存在单一时钟装置故障后SCADA对时全部丢失的情况，可能导致SCADA系统无法正常显示事件。

3.1.55　换流站直流控制保护系统安全防护策略应严格遵守《电力二次系统安全防护规定》，坚持“安全分区、网络专用、横向隔离、纵向认证”的原则。

3.2 采购制造阶段

3.2.1 新工程的设备规范书中宜明确要求换流变压器轻瓦斯保护投跳闸，并按照“三取二”原则出口跳闸。

3.2.2 在设备采购阶段，应在设备规范书中明确规划设计阶段的各项要求，如保护冗余配置、出口判断逻辑、输入输出及电源回路独立性等反事故措施要求。

3.2.3 直流控制保护设备的功能、性能及与其他设备的接口应通过联调试验的完整验证，确保其软件设计、设备之间的接口等满足设备规范要求。

3.2.4 直流控制保护系统应通过动态性能的验证，利用暂态特性测试对直流控制保护参数进行优化，保障各种扰动情况下交直流系统的响应特性满足设计要求。

3.2.5 控制保护机箱及板卡应经过元器件老化、单板功能调试、运行监测、抗干扰、抗震动等相关试验验证。

3.2.6 每极或换流器的单套控制保护设备应单独组屏，便于运行维护。

3.2.7 控制保护屏柜应具备良好的通风、散热功能，防止长期运行产生的热量无法有效散出而导致板卡故障。

3.3 基建安装阶段

3.3.1 直流控制保护装置安装应在控制室、继电器室等建筑物土建施工完成并且联合验收合格后进行，不得与土建施工同时进行。在设备室达到要求前，不应开展控制保护设备的安装、接线和调试；在设备室内开展可能影响洁净度的工作时，须采用完好塑料罩等做好设备的密封防护措施。当施工造成设备内部受到污秽、粉尘污染时，应返厂清理并经测试正常，经专家论证确认设备安全可靠后方可使用，情况严重的应整体更换设备。

【释义】延庆站安装期间保护室环境较差，导致调试期间合并单元采样光口频发异常。2020 年 1 月 17 日，延庆站双极解锁状态下，负极换流阀合并单元报 RX3 数据接收异常；负极极保护系统 PPR 报 IDP 测量异常，相关保护退出；PCP 报接收合并单元直流电流 IDP 品质位异常；直流母线保护系统报 IDP 信号输出异常，相关保护退出；负极相角监测屏报装置异常。

3.3.2 逐一审查各模拟量输入回路的图纸和实际接线，检查相互冗余的控制保护回路是否完全独立，核查是否存在单一元件故障影响冗余的控制保护系统运行的情况。

【释义】2020年6月4日，阜康站断掉500kV继电小室C段1号直流馈电屏电源后，1号站用变压器进线开关201、2号站用变压器进线开关202跳开，10kV备用段进线开关200闭锁，10kV备自投状态退出。

10kV母线进线电源可用的判据为：手车工作位置&进线有压，10kV进线开关200、201、202的手车试验、工作位置通过重动继电器接到站用电接口柜SPTA、SPTB，两套冗余的站用电接口柜共用同一个重动继电器，不满足冗余的回路完全独立的要求。C段直流馈电屏断电后，重动继电器失电，SPTA、SPTB中的手车位置信号均丢失，导致程序判定10kV母线进行电源不可用，备自投逻辑动作，跳3个进线开关以及2个10kV母联开关。由于备用段进线开关200的控制电源由C段1号直流馈电屏提供，所以200开关跳不开。开关200在2s内未分开，闭锁该开关，并且将10kV备自投退出。后续取消重动继电器，10kV进线开关200、201、202增加位置接点，实现冗余的控制系统完全双重化的要求后解决此问题。

3.3.3 直流控制保护设备安装时，应检查屏柜、主机、板卡、光纤、连接插件等的固定、受力、屏蔽、接地情况，防止因安装工艺控制不良导致设备损坏或故障。

3.3.4 检查主机和板卡电源冗余配置情况，并对主机和相关板卡、模块进行断电试验，验证电源供电可靠性。

3.3.5 非电量保护继电器接线盒的引出电缆应尽量避免高挂低用，若难以避免，应以垂直U型方式接入继电器接线盒；若该引出电缆额外加装有护套，电缆护套应具有防进水、防积水保护措施，防止雨水顺电缆倒灌，导致非电量保护误动作。

3.3.6 应对所有的非电量保护、保护分合闸、电压电流回路电缆进行芯间及对地绝缘测试，并横向比对绝缘电阻无明显异常。

【释义】2019年12月21日，中都站发生直流启动区启动电阻旁路隔离开关0510－6在无操作指令情况下异常合闸。通过测量回路绝缘，发现直流场接口屏到直流保护装置的接线对地绝缘存在问题，现场检查发现接口屏内对应的硬接线外皮存在磨损现象，因此判断因合闸回路绝缘问题导致0510－6误合。

3.3.7 应对电压电流回路、跳闸回路上的所有端子接线紧固情况进行全面复核。

【释义】2015 年 7 月 18 日，舟岱站 PCPA 套报系统扰动，随后 PCPA 报交流低电压保护跳闸，并发出五站联跳命令，五站停运。同时，PCPA 和 ACCB 均报网侧电压 B 相异常，在 PCPA 出现 B 相电压为 0 时，PCPB 的电压正常，初步判断为 PCPA B 相电压断线。根据交流低电压保护逻辑，当检测到任意一相电压低于 0.6 倍标幺值，并且持续 1.8s，系统跳闸。

初步判断为 B 相电压断线后，检修人员从 PCPA 屏柜接线处到 GIS 的汇控柜处进行详细的检查，在 GIS 汇控柜处发现 B 相电压端子排短接排的第四个螺丝松动，且此螺丝的左右两侧连接线分别连接 ACCB 和 PCPA，对这两根连线进行插拔验证，后台所报事件与故障事件一致。汇控柜短接排如图 3－5 所示。

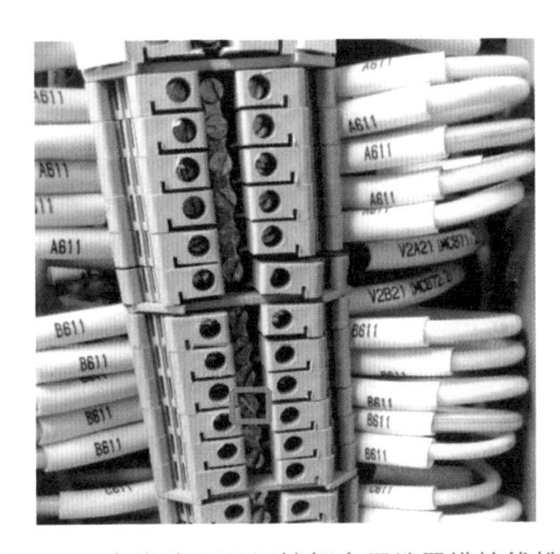

图 3－5 舟岱站 GIS 汇控柜电压端子排接线松动

3.3.8 应通过传动试验核查跳闸回路的设计及接线是否正确，避免存在寄生回路。

3.3.9 软压板的投入退出应在后台有相应的事件提示，并列入未复归事件列表。

3.3.10 直流系统停运、功率升降等操作应有确认提示，运行人员确认后方可执行下一步操作。

3.4 调试验收阶段

3.4.1 应模拟控制保护主机轻微、严重、紧急故障，验证动作策略正确、事件报警无误。

3.4.2 应逐一进行开关、隔离开关信号电源断电试验，检查控制保护是否误动作。

3.4.3　开展对时信号丢失、对时回路故障试验，检查直流控制保护主机和服务器工作正常，并能发出报警信息。

3.4.4　应采用断开直流控保系统与子系统间的通信，装置或板卡断电等方式，验证控制保护系统的故障响应情况是否正确。

【释义】应开展两套控制主机同时断电或退出运行试验，以张北工程为例，应开展双套直流协控 SCC、直流站控 DCC、极控 PCP、交流测控 ACC 断电试验，验证故障响应与设计相符合。

3.4.5　应逐一核查各跳闸回路的图纸和实际接线是否一致，对跳闸回路存在使用常闭接点的情况进行整改。

3.4.6　应逐一开盖检查换流变压器非电量保护接线盒跳闸接点腐蚀和紧固情况。

3.4.7　投运前应核查非电量保护继电器功能是否完好，定值设定是否与定值单一致。

3.4.8　在厂内试验和联调阶段，应对控制保护系统策略和逻辑定值进行试验验证。

【释义】厦门柔性直流在调试中发现直流保护桥臂过流Ⅱ段电流判据不完整，不具备下桥臂过流跳闸的功能，经查为桥臂过流Ⅱ段保护程序错误。

厦门柔性直流在调试中发现极Ⅰ直流保护极母线差动Ⅱ段低电压闭锁定值未起作用，原因为极Ⅰ极线电压逻辑程序中误乘以 –1，导致保护一直开放（极Ⅱ程序改为极Ⅰ程序时此部分未做修改）。

厦门柔性直流在调试中发现直流保护“双极中性线差动保护”不含有比例制动特性，与定值研究报告不一致。

厦门柔性直流在调试中发现直流极控制“空载加压试验直流电压异常保护动作”和“空载加压试验直流过电流保护动作”未能瞬时出口跳闸，实际出口时间分别为 4s 和 2s，原因为采样得到的电压电流值经过一个时间常数较大的滤波器后再参与逻辑计算，导致保护出口存在延时。

2020 年 1 月 16 日，在中都–延庆功率自循环模式下，模拟中延直流线路过负荷故障，功率回降值与指令计算值不符，分析直流线路过负荷保护相关程序逻辑，发现导致该问题的原因为：在达到功率目标设定值后，除了极控 PCP 程序中有保持回降速率 2.5s 的延时，站控 DCC 程序中也存在 2s 的延时，逻辑重复，导致实际的功率回降量将大于原本的理论计算值。

3.4.9　系统调试阶段，软件置数应履行严格的审批程序，做好异动登记，试验完成后应尽快恢复置数。

【释义】2020年5月9日，中都站带新能源双极输送约66MW功率，中都站在模拟极I耗能装置在直流过压工况下的投入策略验证试验时，将受端延庆站极I换流器闭锁后，中都站极I直流系统随即闭锁，中都站未出现直流母线过压，耗能装置也没有按照预期投入。

经现场核查程序发现，试验时延庆站功率自循环模式置数始终存在，控保逻辑中，当延庆站处于功率自循环模式，且与中都站处于端对端运行，延庆站极I闭锁，直接联跳中都站极I，因此导致试验失败。

3.4.10　现场直流控制保护系统软件修改后，应充分开展厂内试验验证，若具备条件应开展现场补充试验验证。

3.4.11　应检查直流控制保护软件具备软件编译自检功能，防止底层代码与可视化逻辑界面对应变量不一致导致直流误闭锁。

3.4.12　检查SCADA系统LAN网网线规格及性能满足要求，其中百兆LAN网网线应使用五类及以上类型网线，千兆LAN网网线应使用六类及以上类型网线。

3.4.13　应通过制造物理环网等方法模拟开展SCADA系统网络风暴试验，检验LAN网交换机、直流控制保护主机网络风暴防护功能正常，网络风暴不应导致直流控制保护主机死机及直流系统闭锁。

3.5　运维检修阶段

3.5.1　换流站控制保护软件的入网管理、现场调试管理和运行管理应严格遵守国家电网有限公司直流控制保护软件运行管理相关规定要求，严禁未经批准随意修改直流控制保护软件程序和定值，防止因误修改导致直流闭锁。

3.5.2　直流控制保护系统故障退出时应尽快进行处理，减少系统退出运行时间。应合理安排控制保护系统停电检修和缺陷处理，一套系统退出运行前必须确保另外两套系统（双重化配置的为另外一套系统）完好可用，特殊工况下也应至少保持一套系统完好可用。

3.5.3　直流控制保护系统的故障处理应在试验状态且相应出口压板（若有）退出的状况下进行，故障处理完毕后，将系统由试验状态恢复至运行状态前，必须检查确认该系统无报警、无跳闸出口等异常信号。

3.5.4 停电检修时应检测非电量保护回路电缆芯间及对地绝缘满足标准要求，且绝缘电阻横向对比无明显异常。

【释义】2020 年 07 月 09 日 18:39，宜昌站单元Ⅱ控制 B 系统发“单元二渝侧换流变 C 相本体压力释放阀 1 报警”“渝侧换流变接口柜智能终端紧急故障出现”，单元二控制 B 系统退至 OFF 状态，现场开展故障检查处理工作时将单元二控制 B 系统打至 TEST 状态。22:31，宜昌站单元二控制 A 发“单元二渝侧换流变 C 相本体压力释放阀 1 报警”“渝侧换流变接口柜智能终端紧急故障”告警，单元二直流系统闭锁跳闸。宜昌站压力释放阀报警接点的接线端子受潮后，压力释放阀报警信号电压下降至 55%～70%时，智能终端判断开入板输入不正常并发出紧急故障告警，控制系统接收到智能终端紧急故障信息后退出运行，双套控制系统均退出后直流闭锁。

3.5.5 遇下列情况之一时，本体重瓦斯保护（若轻瓦斯投跳闸也应采取类似措施）应临时改投报警或退出相应保护：

（1）换流变压器、油浸式平波电抗器运行过程中进行滤油、补油或更换潜油泵。

（2）在本体重瓦斯二次保护回路上或本体呼吸器回路上工作。

（3）采集瓦斯继电器气样或油样。

3.5.6 在有载分接开关油管路上或油流继电器二次回路上工作时，分接开关油流继电器应临时改投报警或退出相应保护。

3.5.7 定期检查室外端子箱、接线盒锈蚀情况，及时采取相应防腐防锈蚀措施。对于锈蚀严重的端子箱、接线盒应及时更换。

3.5.8 应充分考虑检修（调试）设备和运行设备一、二次系统之间的联系，制定防止事故发生的安全隔离措施和技术措施，避免在检修（调试）设备上工作时，影响运行设备正常运行。

【释义】2014 年 11 月 25 日，舟山柔性直流两端运行期间（舟定站，舟岱站运行），因工作人员在检修站舟泗站进行直流控制保护系统程序更新工作，引起舟泗和其余四站的站间通信失去，导致运行站停运。根据检修规程要求，舟泗站检修状态时阀侧 TV 的空气开关处于分位，极控 PCP 检测到阀侧 PT 断线时，置紧急故障，因此检修过程中两套 PCP 均处于紧急故障状态。在对值班系统进行程序升级时，另一套系统因紧急故障，不能切换到值班状态，导致舟泗站无值班主机运行，与其他四站之间的通信全部失去，五端系统执行正常停运逻辑。后续对控保逻辑进行升级，只有失去站间通信的换流站处于极连接状态下，才会引起五端系统停运。

2021年1月20日，中都站进行1号换流变压器有载分接开关轻瓦斯跳闸试验，保护动作跳开1号换流变压器网侧2203开关，1号换流变压器阀侧0312开关，启动运行方式优化，未制定检修状态下禁止启动运行方式优化的技术措施。此时，阜康站与康巴诺尔站处于端对端启动过程中，阜康站收到站间协调控制下发的运行方式优化指令后，闭锁阜康站换流阀，导致启动失败。

3.5.9 直流控制系统如有运行方式优化功能，在进行运行方式优化后，应严格检查当前运行方式是否与预期相符。

【释义】2020年7月6日，张北柔性直流电网调试期间，模拟延庆站到中都站中延直流线路故障运行方式优化试验，康巴诺尔站0522D直流断路器在运行方式优化的过程中，上报失灵信号，导致最后实际运行方式与目标运行方式不一致。

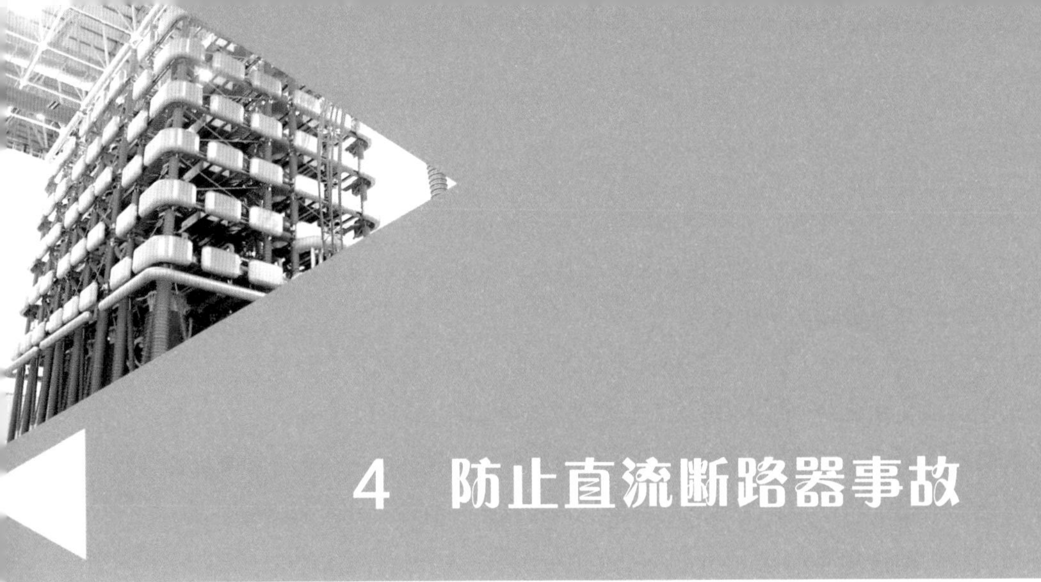

4　防止直流断路器事故

4.1　规划设计阶段

4.1.1　直流断路器控制系统应采用完全冗余的双重化配置。每套控制系统的硬件设备（含主机、板卡、电源和输入输出回路）应完全独立。

【释义】直流断路器控制系统应采用完全冗余的双重化配置（见图 4-1），对上实现与直流控制保护系统的通信，对下实现对快速机械开关、电力电子模块、供能系统及水冷系统的控制。

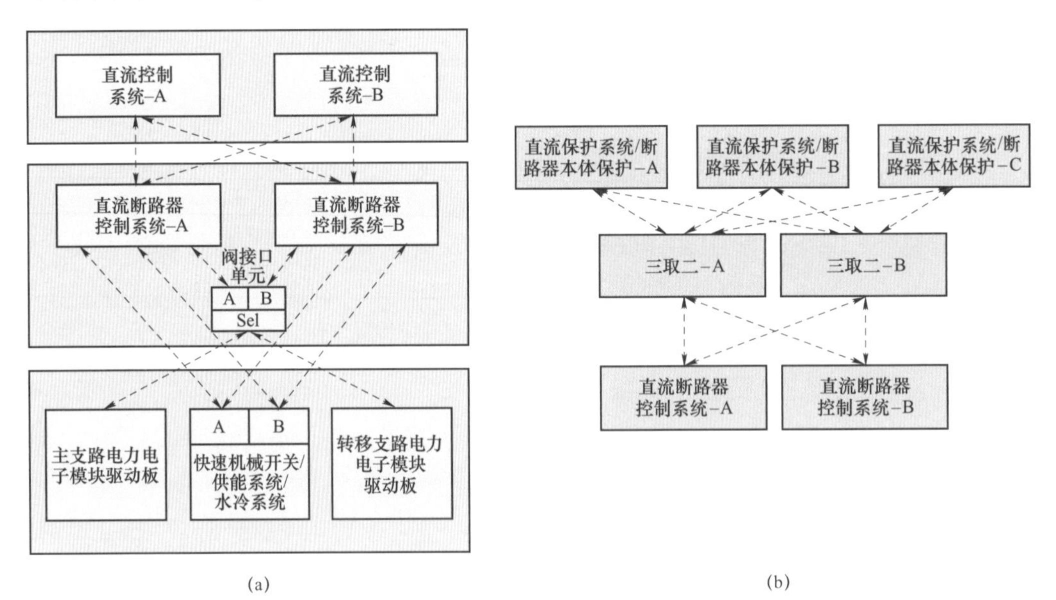

图 4-1　直流断路器控制保护系统典型架构

（a）直流断路器本体控制系统典型架构；（b）直流断路器保护系统典型架构

4.1.2　直流断路器控制系统与直流控制系统应采用交叉连接方式设计，处于运行和备用状态的直流断路器控制系统与直流控制系统均接收和发送信号，由运行状态的控制系统出口。

4.1.3　直流断路器控制系统应有完善的自检功能，若处于运行状态的断路器控制系统“断路器控制系统正常”信号消失且处于备用状态的断路器控制系统运行正常，则系统切换；若处于备用状态的断路器控制系统“断路器控制系统正常”信号消失，则退出备用状态；若两套直流断路器控制系统“断路器控制系统正常”均消失，则直流断路器禁分禁合。

【释义】“断路器控制系统正常”（即 DBC_OK）指断路器控制系统不存在紧急故障，“断路器控制系统不正常”（即 DBC_NOT_OK）指断路器控制系统存在紧急故障或退出运行和备用状态。

4.1.4　当直流控制系统出现双主系统时，直流断路器控制系统应执行后为主的直流控制系统的指令。

4.1.5　当直流控制系统出现双备系统时，直流断路器不再执行直流控制系统下发的指令，但是仍应执行直流保护系统下发的指令。

4.1.6　直流断路器控制系统至少应设置三种工作状态，即运行、备用和试验。“运行”表示当前为有效状态、“备用”表示当前为热备用状态、“试验”表示当前处于检修测试状态。

4.1.7　直流断路器控制系统应设置三种故障等级，即轻微、严重和紧急。轻微故障指设备外围部件有轻微异常，对正常执行控制功能无影响的故障，但需加强监测并及时处理；严重故障指设备本身有较大缺陷，但仍可继续执行相关控制功能，需要尽快处理；紧急故障指设备关键部件发生了重大问题，已不能继续承担相关控制功能，需立即退出运行进行处理。

4.1.8　直流断路器在任何运行工况下的有效控制系统应是双重化系统中无故障或故障等级较轻的一套；当运行控制系统故障时，应根据故障等级自动切换。直流断路器控制系统故障后动作策略至少应满足如下要求：

（1）当运行系统发生轻微故障时，若另一系统处于备用状态且无任何故障则系统切换，切换后，轻微故障系统将处于备用状态。当新的运行系统发生更为严重的故障时，还可以切换回此时处于备用状态的系统。

（2）当运行系统发生严重故障时，若另一系统无任何故障或轻微故障时则系统切换，切换后退出运行的系统“断路器控制系统正常”信号消失；若另一系统不可用则该系统可继续运行。

（3）当运行系统发生紧急故障时，“断路器控制系统正常”信号消失，若另一系统处于备用状态则系统切换，切换后紧急故障系统不能进入备用状态；若另一系统不可用，则两套直流断路器控制系统均不可用，直流断路器禁分禁合。

（4）当备用系统发生轻微故障时，系统状态保持不变。若备用系统发生紧急故障时，应退出备用状态。

4.1.9　直流断路器控制、保护及阀接口单元设备应由两路完全独立的电源同时供电，同时工作电源与信号电源分开，一路电源失电，不影响直流断路器控制、保护及阀接口单元设备的工作，任意一路电源异常时均应具备完善的报警功能。

4.1.10　直流断路器控制系统应配置子模块试验模式，该模式下可对处于检修状态的子模块开展导通和关断、光纤回路诊断等试验。

4.1.11　直流断路器本体过流保护按冗余三重化完全独立配置，采用“三取二”出口逻辑。

4.1.12　直流断路器在分合闸动作过程中，若再次收到分合闸指令不应再执行，避免误引起直流断路器失灵。

【释义】2020年7月6日，张北工程在进行运行方式优化试验时，阜康站直流断路器连续报快分成功、慢分失败和合闸失败信号。经检查该直流断路器集控单元在执行第一次站控快分完成时，将分闸执行动作指令延展了 50ms，分闸完成后断路器处于分闸状态，并且进入禁止慢分和禁止快分状态，26.7ms 后直流断路器又接收到慢分指令，断路器再次执行了慢分指令，但此时由于上一次的分闸执行动作并未返回，而断路器又处于禁止慢分状态，断路器立即上送了慢分失败，并立即执行断路器自保护合闸。自保护合闸执行成功后，虽然断路器已处于合闸状态，但该直流断路器合闸成功的判据中引入了快分指令判据，直流线路保护快分指令一直存在，导致合闸后判断为合闸失败（见图 4-2）。

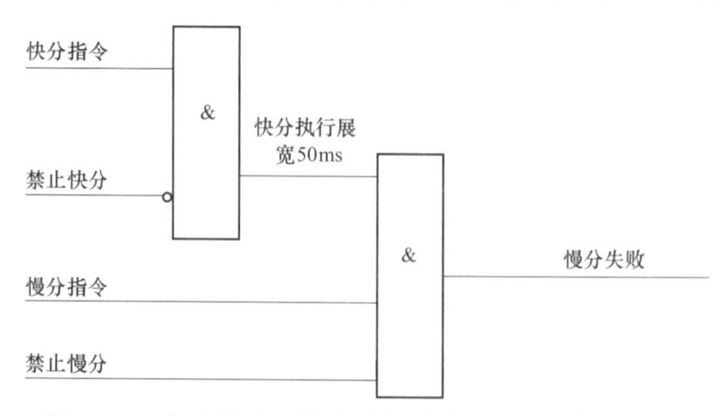

图 4-2　阜康站阜延线直流断路器慢分失败判断逻辑

4.1.13 直流断路器在分位状态时，直流断路器控制系统收到直流控保下发的分闸指令后，不应执行该指令，并且不启动直流断路器失灵逻辑。

【释义】2020 年 5 月 7 日，阜康站－康巴诺尔站端对端调试，进行保护跳闸试验时，阜康站高压直流断路器 0522D 收到快分指令后，分闸成功，在分闸自锁期间又收到直流控制保护系统下发的快分指令后上报失灵，直流控制保护系统收到失灵信号后下发快分，导致高压直流断路器长期上报失灵信号无法复归。

4.1.14 直流断路器应具备独立的录波功能，在手动触发、直流断路器分合闸、异常情况下均能触发录波。

4.1.15 对于快速机械开关采用真空灭弧室的直流断路器，快速机械开关应配置冗余断口，冗余断口应不少于 1 个。

4.1.16 直流断路器快速机械开关触头分闸达到有效开距时间严格控制在 2ms 内，分散性应控制在－10%以内。

4.1.17 直流断路器快速机械开关若采用油缓冲结构，液压油应选用航空液压油，并保持在－10℃～80℃区间内缓冲特性的稳定性。

4.1.18 快速机械开关控制板应能够对机械开关分合闸回路电容器电压进行监测。当电容电压超出正常电压范围时，快速机械开关控制板应闭锁相关驱动逻辑，上报故障信号，确保快速机械开关在电容电压异常情况下不会误动作。

4.1.19 每台快速机械开关应配备至少一组位置传感器，用以记录开关初始位置、分闸到有效开距的位置以及开关运动结束位置。

4.1.20 对于快速机械开关采用真空灭弧室的直流断路器，快速机械开关触头制造工艺应采用电弧熔炼、真空熔铸等工艺，不应采用粉末冶金工艺。

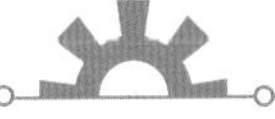

【释义】2019 年 1 月 4 日，康巴诺尔站阜诺线直流断路器进行正向 4.5kA 电流开断试验时，主支路快速机械开关未正常开断。经分析为快速机械开关触头损坏导致，该批次触头采用粉末冶金工艺，导致试验过程中出现碎裂及变形（见图 4－3），后该批次触头选用电弧熔炼工艺，未再发生类似问题。

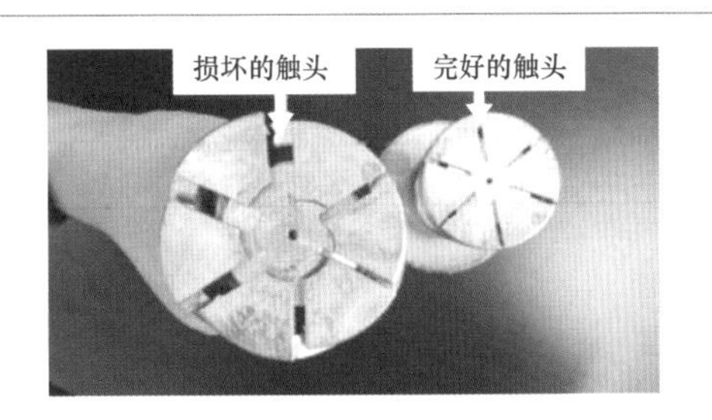

图 4－3 康巴诺尔站快速机械开关试验时触头出现碎裂

4.1.21　快速机械开关分闸反弹距离应能保证开关不会在分断过程中击穿重燃；若开关采用液压缓冲，则应采用刚度不可调的缓冲器。

【释义】2019年1月3日，阜康换流站阜诺线直流断路器在进行25kA重合闸试验时，出现分闸未开断电流的情况。经分析为机械开关缓冲器异常导致，缓冲器初始设计为刚度可调节的缓冲器，刚度通过限位销固定，个别刚度限位销没有按要求紧固，多次操作后松动导致缓冲器刚度增大，运动部件在分闸到位后大幅反弹（见图4-4），回到合闸位置导致分闸失败，后更换为刚度不可调的缓冲器后，未再发生类似问题。

图4-4　阜康站快速机械开关缓冲器限位销松动导致反弹增大

4.1.22　直流断路器快速机械开关的分合闸信号应能准确可靠反映其分合位置状态，若主支路快速机械开关采用光信号判断分合位，分合闸位置传感器遮光点位置应尽量位于遮光板中间位置，避免遮光板不平衡导致误判分合闸位置。

【释义】2020年6月13日，张北工程阜康站直流站控下发合正极直流断路器命令时，直流站控报“收正极本体自分断命令”，直流断路器控制系统报合闸过程中超冗余告警，直流断路器合闸失败。经检查发现该直流断路器断口3合位光纤的遮光板倾斜，导致合位光纤未被遮挡，直流断路器误判为分闸状态（实际断口已处于合闸位置），判定合闸失败（见图4-5）。

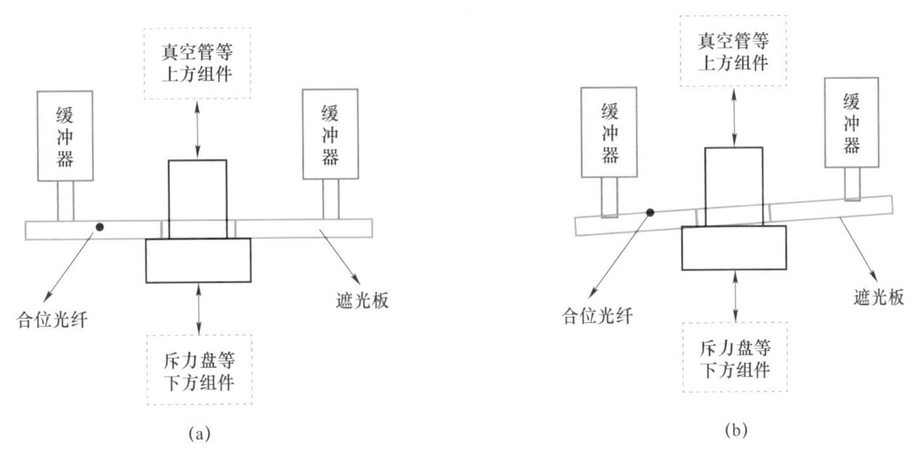

图 4-5 阜康站直流断路器遮光板与合位光纤的位置关系

（a）合闸正常时状态；（b）合闸异常时的状态

4.1.23 直流断路器单台快速机械开关分合闸控制回路应考虑防误设计，每个控制回路应至少设置两个串联晶闸管用于触发控制，每个晶闸管应配置独立的触发电路，避免单个晶闸管误触发导致机械开关动作。

【释义】张北工程康巴诺尔站直流断路器快速机械开关设计时未考虑机械开关误触发问题，直流断路器每个触发回路均采用一个晶闸管，后修改为每个操作回路串联 2 个晶闸管，每个晶闸管由不同的板卡单独触发，防止直流断路器快速机械开关因为电磁干扰等问题引起机械开关误动，单个晶闸管触发不会引起机械开关误动作。

4.1.24 对于混合式直流断路器，主支路电力电子模块应设置串联冗余，单向串联冗余量应不少于 1 个。

4.1.25 对于混合式直流断路器，主支路电力电子模块的串联不均压系数应不超过±5%。

4.1.26 转移支路电力电子模块的串联不均压系数应不超过±5%。

4.1.27 直流断路器阀塔上各个板卡供电电源应采用两个独立的电源模块供电，并配置电源监测电路，实时监测双电源的工作状态并及时告警。

4.1.28 直流断路器快速机械开关、电力电子模块、耦合负压装置控制板卡应具备完善的自检功能，板卡异常后应及时将自检信号上送直流断路器本体控制系统，以便及时发现各个控制单元的异常情况。

4.1.29　快速机械开关、主支路电力电子模块、转移支路电力电子模块耦合负压装置及其控制保护设备应进行抗电磁干扰设计，避免直流断路器设备区内开关、隔离开关操作时对上述部件产生电磁干扰，影响直流断路器正常运行。

4.1.30　直流断路器阀塔上各个控制板的光纤接口应采取有效的防灰尘、异物等进入的设计，提升光纤通信的可靠性。

4.1.31　电力电子模块旁路开关应采用光信号触发，避免直流断路器高压环境对驱动信号干扰。

4.1.32　电力电子模块旁路开关储能电容与控制板应采取强、弱电隔离设计。

4.1.33　耦合负压式直流断路器耦合负压回路触发晶闸管不应配置辅助性过压保护电路，避免该电路对晶闸管门极回路造成影响，导致晶闸管因不充分触发而损坏。

【释义】2020 年 5 月 17 日，张北工程康巴诺尔－阜康端对端调试期间，在进行保护跳闸试验－模拟极母线差动保护跳闸试验时，直流断路器耦合负压电路中晶闸管击穿损坏，经分析原因为耦合负压电路中晶闸管配置了辅助性过压保护电路（见图 4－6），不能够充分触发晶闸管，晶闸管在关断时电流变化率过大，造成晶闸管损坏。

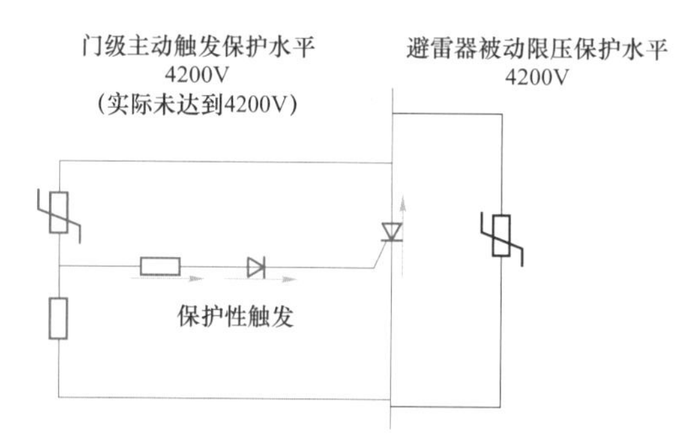

图 4－6　康巴诺尔站耦合负压电路晶闸管配置的辅助性过压保护电路

4.1.34　耦合负压式直流断路器耦合负压装置控制板应按双重化配置。

【释义】康巴诺尔站耦合负压式直流断路器耦合负压装置早期一块控制板控制 6 个晶

闸管，耦合负压装置可靠性较低。为提升可靠性，最终将耦合负压装置控制板改为双重化设计，提高控制板卡冗余度（见图 4-7）。

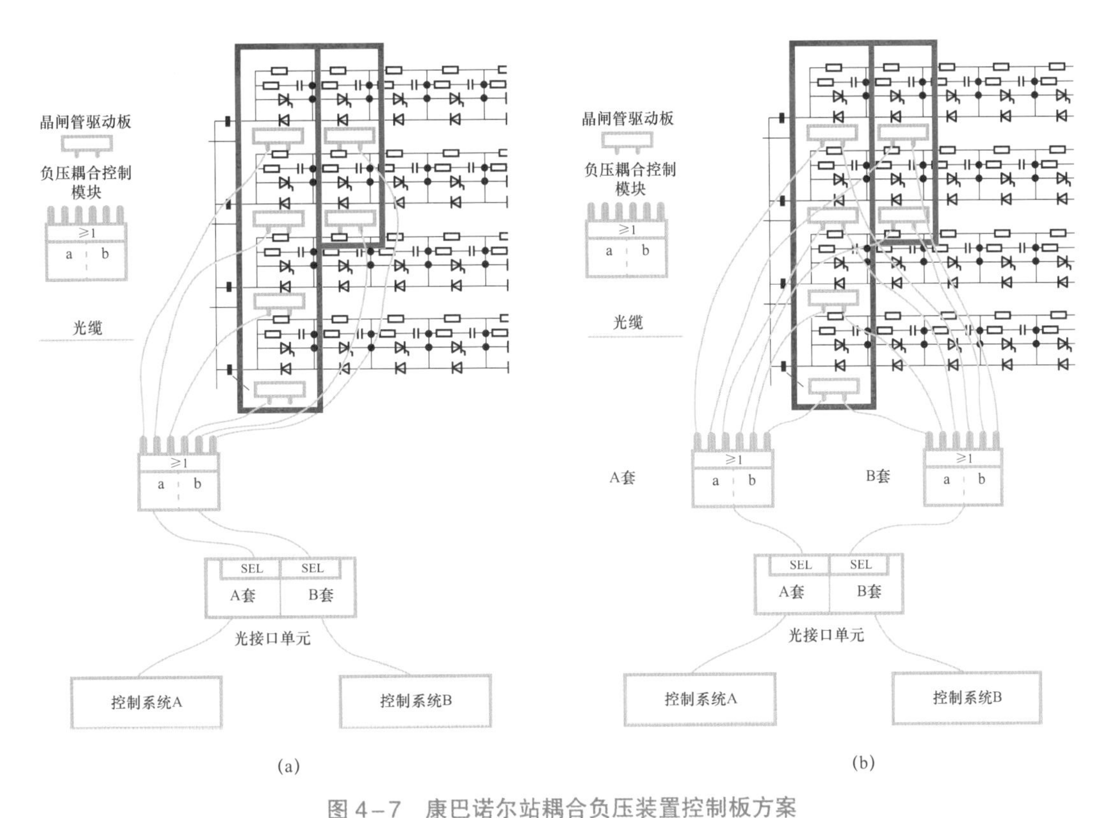

图 4-7　康巴诺尔站耦合负压装置控制板方案

（a）耦合负压装置控制板早期方案；（b）耦合负压装置控制板改进后方案

4.1.35　直流断路器快速机械开关储能电容、耦合负压式直流断路器耦合负压回路脉冲电容及机械式直流断路器转移支路电容充电宜采用全桥整流方式，以降低充电回路设备电压应力。

【释义】2020 年 6 月 27 日，张北工程试运行期间康巴诺尔站直流断路器快分、慢分允许信号消失，后台显示耦合负压回路电容充电故障，经检查发现给脉冲电容充电的四台升压变压器中有两台工作状态异常，变压器内部绝缘介质失效（见图 4-8）。现场出现该故障的主要原因一方面是此类变压器的外绝缘耐受设计裕度相对偏低，另一方面是变压器一次侧供能采用半桥充电回路会使变压器长期耐受较高的半波电压，容易引起变压器烧损。

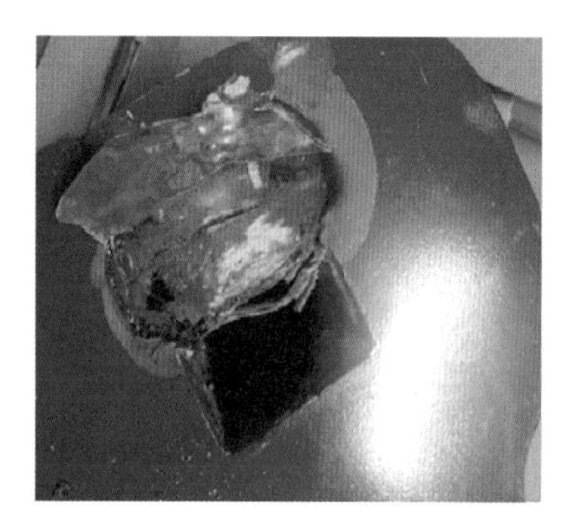

图 4-8　康巴诺尔站耦合负压回路升压变压器发生绝缘失效

4.1.36　机械式直流断路器应充分考虑转移支路储能电容安装的极性方向，避免发生电容电压与直流电压叠加，导致过电压保护误动作。

【释义】2020 年 12 月 24 日，张北工程阜康换流站进行协控优化试验，负极机械式直流断路器执行慢分指令过程中，由于其转移支路储能电容充电电压极性与线路极性电压同向，负极线路极性电压与转移支路储能电容电压叠加（见图 4-9），引起负极直流母线电压过压，直流端间过电压保护三段动作。

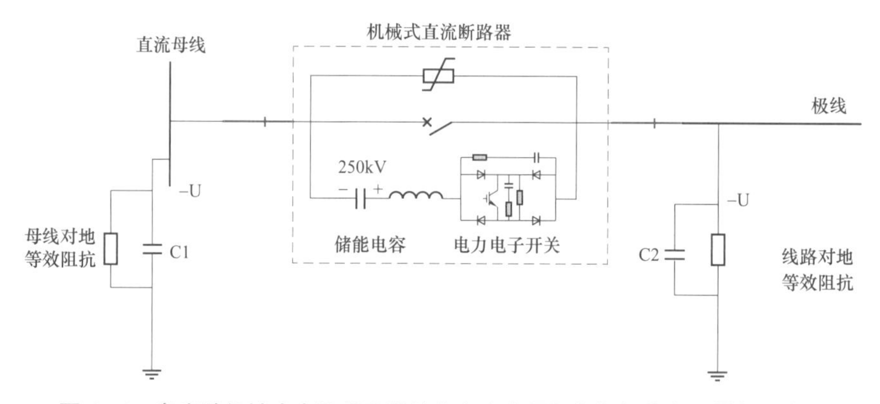

图 4-9　阜康站机械式直流断路器储能电容电压与负极极线电压叠加示意图

4.1.37　机械式直流断路器合闸时不应投入耗能支路避雷器电流的状态监测功能，防止误判避雷器损坏。

【释义】2020 年 6 月 6 日，张北工程阜康站现场进行自动功率曲线扰动试验时，合上

阜诺正极线直流断路器后，监控后台报“直流断路器故障”“直流断路器闭锁断路器分闸”“直流断路器闭锁断路器合闸”。现场通过排查断路器程序逻辑，发现该机械式直流断路器在合闸过程中投入了避雷器状态监测功能，机械式直流断路器合闸时直接合主支路，由于合闸时断口具有不同期性，如合闸时断口存在较大的电位差时，较晚发生预击穿的断口的并联避雷器会动作，造成保护误判避雷器损坏而闭锁断路器。

4.1.38　耗能支路 MOV 的能量应按照直流断路器开断于最严苛工况所需吸收能量设计，并应在此基础上考虑 1.2 倍安全裕度。

4.1.39　耗能支路同一级 MOV 电阻片柱直流参考电压偏离平均值不超过±3%，操作冲击残压偏差在－1.5%～0%。

4.1.40　耗能支路 MOV 的电阻片应确保一致性，整组 MOV 应在相同的工艺和技术条件下生产加工而成，并经过严格的配组计算以降低不平衡电流，MOV 整体中各电阻片柱之间的电流分布不均匀系数应不大于 1.05，各避雷器单元之间的电流分布不均匀系数应不大于 1.03。

4.1.41　当直流断路器进行单次分闸或重合闸后应启动直流断路器自锁逻辑，确保耗能支路 MOV 有充足的冷却时间，同时将自锁信号上报直流控制保护系统。

4.1.42　耗能支路 MOV 外套应采用复合外套设计，外套法兰处应设有压力释放装置，当 MOV 发生短路故障时，内部压力可通过压力释放装置向外释放，保证 MOV 本体不会因为内部压力骤升而爆炸。

4.1.43　采用 SF_6 绝缘的供能变压器，应配置 SF_6 压力低报警和 SF_6 压力低动作功能，且应保证至少有三套独立的压力测量传感模块对气体压力进行采集，采集的三路压力值或者报警信号执行“三取二”动作保护逻辑。当主供能变压器 SF_6 压力低动作时，直流断路器应禁分禁合，启动失灵并闭锁换流阀；当层间隔离变压器 SF_6 压力低动作时，直流断路器应禁分禁合。

【释义】 张北工程设计初期，采用 SF_6 绝缘的供能变压器，单台供能变压器配置一个压力传感装置，仅有一路监测量上送至控保监测装置，用于执行保护动作逻辑，不满足保护冗余配置要求。

4.1.44　直流断路器主供能变压器均压环应采用完整结构均压环，避免因对接结构接口处缺少连接铝箔或者对接不平整引起的电场不均匀情况。

【释义】2019 年 1 月 29 日，阜康换流站直流断路器在西高院进行对地操作冲击试验过程中，供能变压器发生外绝缘闪络。经过排查供能变压器底部均压环少接连接铝箔（见图 4-10），导致电场不均匀。后续将少接的铝箔重新连接好，完成试验。

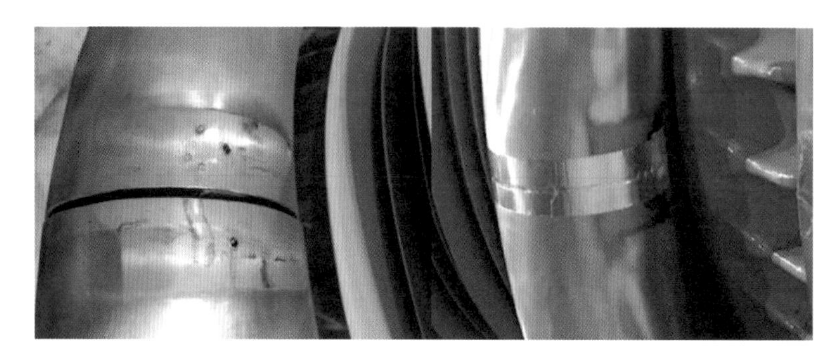

图 4-10　阜康站直流断路器主供能变压器均压环缺少连接铝箔

4.1.45　直流断路器供能柜应考虑抗浪涌设计，以防止浪涌造成器件损坏或保护误动作。

【释义】2020 年 5 月 13 日，康巴诺尔站正极阜诺直流线路极连接时直流断路器 0512D 两套控制系统均报阜诺正极断路器 0512D 负压回路严重故障，两套断路器控制系统紧急故障，断路器禁分禁合，断路器合闸不成功，极连接失败。经分析原因为直流断路器合闸时供能回路感应浪涌电流超过供能开关柜的二段保护定值，造成直流断路器供能系统跳闸。

4.1.46　直流断路器供能柜两套供能系统间应具备通信交互及完善的监视和切换机制。

【释义】2020 年 6 月 22 日，张北工程试运行期间康巴诺尔站负极阜诺直流断路器 0522D 报出负压回路严重故障、禁分禁合长期出现。经分析原因为负极直流断路器供能系统 B 套与 A 套的通信异常，供能系统由 A 套值班切换到 B 套值班，B 套供能系统保护定值设置错误低于正常通流电流，造成直流断路器供能系统跳闸。

4.1.47　直流断路器供能柜等应具备良好的通风、散热功能，防止长期运行产生的热量无法有效散出而导致板卡故障。

【释义】张北工程康巴诺尔站现场施工单位在开关柜电缆防火封堵过程中，误将 UPS 柜通风孔进行了防火封堵，导致 UPS 机箱底部进风孔被遮挡（见图 4－11），使风道受阻，热量无法排出。两台 UPS 主机设备长时间运行均有不同程度的发热，其中负极柜内温度已到达温度报警值。

图 4－11　康巴诺尔站直流断路器 UPS 柜底部进风孔被封堵

4.1.48　供能回路中采用软启电阻的直流断路器，应配置软启电阻自动退出功能，并配置过热保护，防止软启电阻长时间投入后因过热损坏设备。

【释义】2020 年 6 月 30 日，舟山柔性直流工程舟定站在计划复役操作过程中，17:22 分运行值班人员合上直流断路器正负极供能开关柜 UPS 侧隔离闸刀及空气开关后，17:38 分监控后台报正负极开关供能柜严重故障，现场检查发现正负极开关供能柜有烧损迹象，原因为供能开关柜内中部的软启动电阻长期投入运行导致发热，故障过程中未有任何保护启动终止电阻发热，最终热量累积聚集在屏柜上部后导致上部设备及端子排烧损。

4.1.49　直流断路器在检修状态下供能系统断电与上电操作均不应引起旁路开关误动作。

4.1.50　直流断路器的二次供电设计中，宜采用宽输入范围的稳压电源，减少电压波动对后续供电回路造成影响。

【释义】2020年7月6日6:05，张北工程康巴诺尔站阜诺线负极直流断路器0522D合闸允许信号频发后复归，经检查第7号快速机械开关内部有两个通道储能电容充电电压跌落至0V，充电失效。经分析原因为该机械开关充电机充电回路中的TVS稳压管因电压波动造成损坏击穿（见图4－12），电容无法充电。

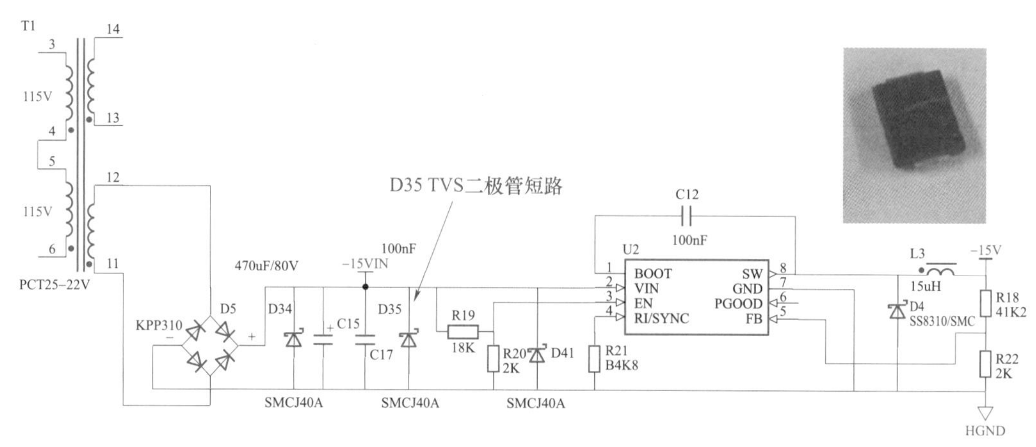

图4－12　康巴诺尔站快速机械开关充电机回路中TVS稳压管损坏

4.1.51　直流断路器总支路、主支路、转移支路、耗能支路均应配置CT，用以直流断路器控制、保护及监视。

4.1.52　用于直流断路器本体过流保护、总支路电流监视用的光CT，应至少配置一套备用测量回路（含远端模块/传感光纤环及采集单元）且该备用测量回路应接入直流断路器控制保护设备。

4.1.53　直流断路器水冷控制系统（如有）应采用标准化接口设计，并按如下要求进行配置：

（1）直流断路器控制系统与水冷控制系统之间应交叉连接。

（2）直流断路器控制系统同时接收运行、备用水冷控制系统的指令，仅执行运行水冷控制系统的控制功能。

（3）水冷控制系统同时接收运行、备用直流断路器控制系统的指令，仅执行运行直流断路器控制系统的控制功能。

4.1.54　直流断路器阀塔漏水检测装置（如有）动作宜投报警，不投直流断路器禁分禁合、自分断或启动失灵。

4.1.55　混合式直流断路器的冷却系统严重渗漏水，导致微分泄漏保护动作后，直流断路器宜投禁分禁合、合主支路电力电子模块的旁路开关、启动失灵并闭锁换流阀。

4.1.56 内冷水系统作用于请求直流断路器主支路电力电子模块旁路的流量、压力、温度、液位传感器应按照三套独立冗余配置，每个系统的内冷水保护对传感器采集量按照“三取二”原则出口；当一套传感器故障时，出口采用“二取一”逻辑；当两套传感器故障时，出口采用“一取一”逻辑出口；当三套传感器故障时，水冷系统发出请求旁路信号，直流断路器禁分禁合、同时合主支路电力电子模块的旁路开关。

4.1.57 直流断路器阀塔水管设计时，应最大限度减少水管接头的数量，宜选用大管径冷却管路。

4.1.58 每台混合式直流断路器的外水冷空冷棚应独立设置，不应与换流阀的外水冷空冷棚共用，避免因断路器温度过低导致直流断路器不可用。

【释义】2021 年 12 月 17 日，阜康站阜延正极线直流断路器水冷系统供水温度超低动作，导致直流断路器禁分禁合、主支路电力电子模块旁路，经分析，该直流断路器与正极换流阀的外水冷空冷棚共用，正极换流阀处于运行状态，需进行散热，而该直流断路器未带电运行，处于冷备用状态，室外环境温度较低，需进行加热，加热器持续加热仍不能有效提高供水温度，最终导致水冷温度超低动作。

4.1.59 直流断路器各组部件支撑钢架应进行结构刚度设计校核，避免安装后因承重导致弹性变形、挠度增大，从而导致钢架变形。

【释义】2019 年 1 月 24 日，阜康站阜诺线直流断路器在西高院试验时发现转移支路支撑钢架有变形现象（见图 4－13），测量结果显示最大变形量为 15mm。

图 4－13 阜康站机械式直流断路器转移支路支撑钢架出现变形

4.1.60 直流断路器一次结构应充分考虑钳制电位设计，避免产生感应电压与内部环流，导致直流断路器误报分合闸失败。

【释义】 2020年4月28日，张北工程阜康站负极解锁后，通过阜诺线直流断路器给康巴诺尔站负极换流阀充电时，直流线路保护两套保护动作出口后，阜诺线阜康站负极直流断路器分闸失败、启动失灵。经现场检查发现，直流断路器主支路机械开关驱动柜与机构柜之间控制电缆的屏蔽线在驱动柜和机构柜两侧均进行了钳电位，导致其与主支路CT测量回路形成环流，主支路CT电流无过零点，判机械开关分闸失败。

2020年5月15日，阜康站阜诺负极线直流断路器合闸过程中，断路器告警合闸失效断口超冗余，并同时进行自保护分闸操作，直流断路器合闸失败。经现场检查发现，直流断路器主支路机械开关收到合闸指令后，主支路出现峰值约2kA、脉宽60μs的脉冲电流。在脉冲电流下，平台电位参考点与斥力机构箱两点间产生了瞬时9.2kV的电压差，机构箱与平台间的电位差通过斥力线圈耦合至驱动电缆，并通过驱动电缆向驱动柜控制回路传播，该电压波动引起晶闸管误触发，断口分闸1电容放电，使已处于合位的断口进行了分闸操作，异常断口由合位向分位运动，导致合闸失败。

2020年6月4日，康巴诺尔站进行耗能装置连续投切试验时，康巴诺尔站联跳阜康站换流器，阜诺负极线直流断路器分闸失败，引起阜康站负极换流阀闭锁。经现场检查由于接地排与CT所在回路存在环流，在环流幅值超出主支路分闸后电流判定定值，导致直流断路器判定分闸失败启动自保护合闸并上报失灵。

4.1.61 直流断路器屏蔽管母与平台支撑架的连接处应采取有效措施，增大接触面积，减小接触电阻，屏蔽管母与平台支撑架宜采用软连接铜排连接。

【释义】 2019年1月4日～6日，阜康换流站直流断路器进行短路电流分断试验期间，支撑平台与屏蔽罩管母出现局部放电现象（见图4－14）。经分析，局放原因为：屏蔽管母经过钢制弯板与平台支撑架进行等电位连接，由于各部位都是钢制品、无延展性，导致螺栓紧固时连接处接触面积较小，接触电阻较大；当直流断路器流过短路电流时，产生的 di/dt 在支撑平台上感应出电流，并在接触电阻较大的平台连接处产生局部放电现象。

图 4-14 阜康站直流断路器短路电流分断试验时
支撑平台与屏蔽罩管母出现局部放电

4.1.62 直流断路器各个组件二次板卡应采取屏蔽设计，避免因高场强引起误动作。

4.1.63 直流断路器各组部件在冗余度内时，应具备设计电流水平下的分断能力。

【释义】 2018 年 8 月 26 日 13:09，舟定换流站定岱 2001 线负极直流断路器因快速机械开关 3 的电源模块故障，直流断路器控制保护两套均报严重故障，但是控制保护逻辑误判机械开关故障超冗余，触发主支路模块全部旁路，导致直流断路器不具备分断能力（而此时快速机械开关在冗余度内，主支路快速机械开关共 3 个、冗余 1 个，当 1 个故障时正常应具备分断能力）。

4.1.64 直流断路器整机结构设计应考虑检修维护便捷，宜采用组件式设计，各组件便于安装、检修和拆卸。

【释义】 阜康站阜诺线直流断路器耗能支路结构设计不合理（见图 4-15），耗能支路分共 12 层，每层由 10 只 MOV 并联组成，层与层之间采用叠装方式，即下层 MOV 的上法兰与上层 MOV 的下法兰通过螺栓直接相连，若某层 MOV 需要进行更换，需要将上层所有的 MOV 全部逐一拆除并回装，现场拆装工作量极大，耗费大量的人力物力，后通过在耗能支路加装钢板和调整螺母，并搭配专用工装，实现了不拆除其他层 MOV 情况下的 MOV 更换。

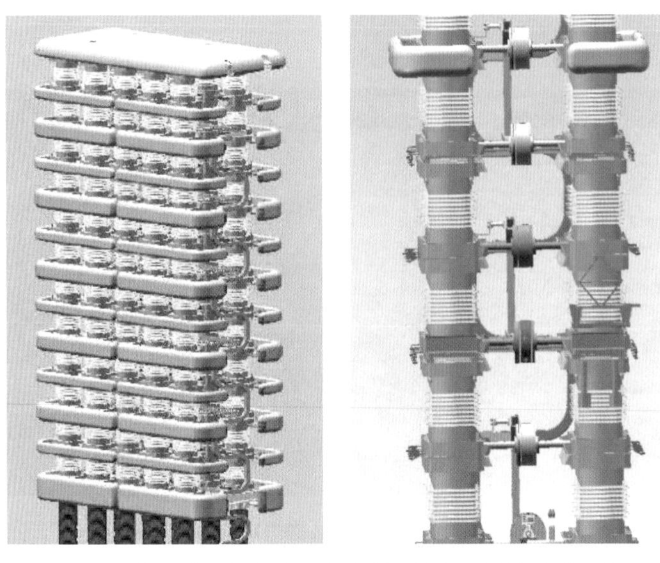

图 4－15　阜康站机械式直流断路器耗能支路结构设计不合理

中都站及延庆站的直流断路器快速机械开关断口采用一体式套管结构设计（见图 4－16），将真空灭弧室、电磁斥力机构、缓冲机构、保持机构等集成在套管内，不便于检修期间的检查维护。

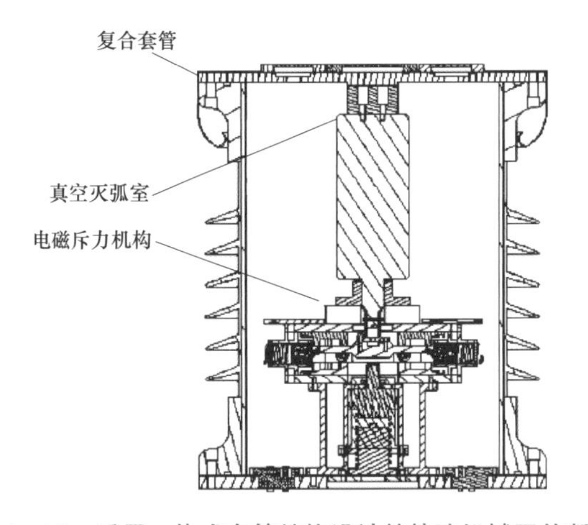

图 4－16　采用一体式套管结构设计的快速机械开关断口

4.2　采购制造阶段

4.2.1　直流断路器内的非金属材料应不低于 UL94V0 材料标准，应按照美国材料和试验协会（ASTM）的 E135 标准进行燃烧特性试验或提供第三方试验报告。

4.2.2 快速机械开关出厂前应逐台进行行程曲线测试，分闸回弹应控制在总行程20%以内，合闸回弹应控制在 10%以内，并提供试验报告。

4.2.3 对于采用真空灭弧室的快速机械开关，灭弧室出厂前应逐台进行老炼试验，并提供老炼试验报告。

4.2.4 直流断路器快速机械开关的制造工艺和质量应严格把关，控制板要充分考虑耐热水平并按照相应技术标准和工程技术要求提供相关的出厂检验报告。

4.2.5 直流断路器每种类型快速机械开关应至少选择一台进行断口动态绝缘试验，试品一端与冲击发生器设备高压端连接，另一端接地，从机械开关接到分闸指令到试验电压施加到机械开关断口两端的时间应不大于机械开关分闸到位（绝缘建立）时间的设计值。

4.2.6 直流断路器每种类型快速机械开关应至少选择一台进行不少于 5000 次寿命试验，其中快分（保护分闸）次数不小于 3000 次。

4.2.7 直流断路器主支路快速机械开关出厂试验前应进行不少于 200 次的机械操作试验，试验前后测量单断口总回路电阻（包含接触面及导体），如果单断口总回路电阻超过额定值的 110%，应及时进行更换处理。

【释义】2020 年 5 月 9 日，阜康站阜诺正极线直流断路器进行联调试验时，直流断路器合闸失败。现场检查发现主支路断口 3 合闸后合闸位置信号一直未上送，造成断口 3 合闸异常的原因为斥力盘固定螺母松动，多次动作后斥力盘间隙增大导致合闸异常。

4.2.8 针对在分闸过程中需要燃弧的直流断路器，在直流断路器整机型式试验后应更换快速机械开关灭弧室，更换灭弧室后的快速机械开关应补充开展例行试验和通流试验。

4.2.9 直流断路器每台快速机械开关应进行常温条件下的通流试验，试验温升应小于 45K；抽取 1 台快速机械开关进行 50℃条件温度下的通流试验，试验温升应小于 50K。

4.2.10 直流断路器快速机械开关通流试验前后应进行单断口总回路电阻（包含接触面及导体）测量，如果单断口总回路电阻超过额定值的 110%，应及时进行更换处理。

4.2.11 直流断路器在主支路通流试验前后均应对快速机械开关极柱电阻进行全检，避免因螺栓未紧固到位等原因引起接触面电阻增大，造成极柱因急剧温升而断裂。

【释义】2019 年 3 月 1 日，阜康换流站直流断路器进行运行型式试验中的主支路最大连续运行试验时，1 台快速机械开关发生极柱爆炸（见图 4-17）。经分析真空灭弧室静端与出线座交界面出现接触不良，导致接触电阻增大和温升急剧升高，最终导致极柱发生断裂。

图 4-17　阜康站快速机械开关因接触不良导致极柱发生爆炸

4.2.12　直流断路器在电力电子模块的控制板卡制造材料与工艺上应严格把关，控制板卡的电气及光纤连接插件应可靠连接，保证运行的稳定性，防止引发直流断路器故障。

【释义】2020 年 5 月 16 日，延庆站直流断路器后台报中延正极 0512D“第 9 级转移支路电力电子模块的 20 号 IGBT 板卡电源故障”。经第三方解剖，FIB 切片分析发现 IGBT 器件栅极结构有生裂痕，导致栅极短路失效（见图 4-18）。失效可能原因为：芯片或者模块在制备生产中，在芯片最表面或者芯片金属薄膜层间引入颗粒，在不断地测试和压装过程中使凸起部分处的栅极局部不断受力外力作用，最终导致硅片及栅极结构发生裂痕，从而导致芯片失效。

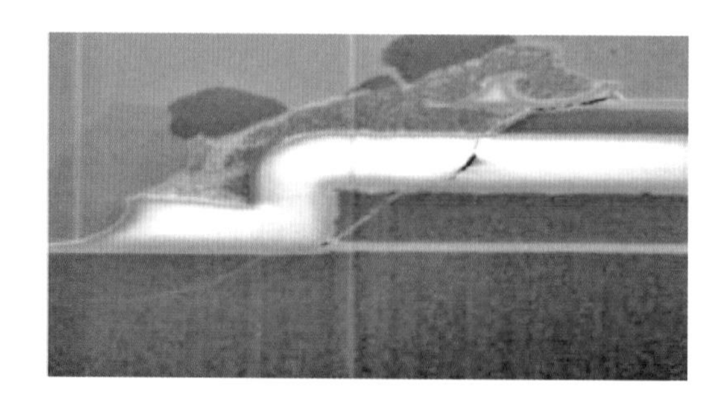

图 4-18　延庆站直流断路器 IGBT 失效点的栅极结构不完整

2020 年 6 月 4 日，阜康站阜诺负极线直流断路器在进行分闸操作过程中，转移支路第四层第八台阀组的 IGCT 器件出现异常。经检查 IGCT 器件外观未发现明显异常，通过器件失效解剖发现，芯片台面击穿，器件失效属于典型的电压失效，该 IGCT 器件未导通或导通异常，使得该器件承受了较高电压而导致失效，怀疑由控制信号异常、驱动触发异常、电源异常等情况导致。

4.2.13 直流断路器控制保护装置所有硬件（尤其是安装于高电位的硬件）均应通过电磁兼容试验。

4.2.14 对于充气式主供能变压器，出厂试验应进行零表压耐压试验，即供能变压器气体压力（相对压力）降至 0MPa，在 1min 内加压至设备额定直流电压，并保持不低于 60min，试验过程中应无击穿或闪络。

4.2.15 直流断路器主支路电力电子模块的主水管路材质应选用 PVDF 材料，阀塔主水管连接应采用法兰连接，选用性能优良的密封垫圈，接头选型应恰当。

4.2.16 应加强水管组装过程中的工艺检查，确保每个水管接头按力矩要求紧固，对螺栓位置做好标记，厂家应提供主支路电力电子模块出厂水压报告。

4.2.17 耦合负压式直流断路器的耦合负压装置型式试验应进行不少于 100 次寿命试验和正反向各 3 次换流试验。

4.2.18 直流断路器应采用阻燃光纤、扎带及全绝缘光纤槽，光纤槽内部应光滑。

【释义】康巴诺尔站直流断路器厂内组装时光缆线槽内有绝缘螺丝凸出（见图 4－19），厂家简单用锡纸等薄膜覆盖，实际工程应用时存在隐患。

图 4－19 康巴诺尔站直流断路器光纤槽盒内部有绝缘螺丝凸出

4.2.19 应做好直流断路器各组部件及元器件的质量管控，对于重要组部件及元器件应能够追溯生产工艺流程，采用新工艺生产的器件应制定相应的检测筛选方案，避免使用存在批次性质量问题的元器件。

【释义】2020年9月16日，阜康站阜延负极线直流断路器主支路3号组件3号（SM3－3）模块电源故障引发并联组旁路，断路器控制保护系统下发3号并联组旁路指令，经检查为3号组件的3号模块电源1线路板上触发限压晶闸管的双向TVS管的单向损伤（见图4－20），导致钳位电压过低无法工作，更换TVS触发管后电源恢复正常。

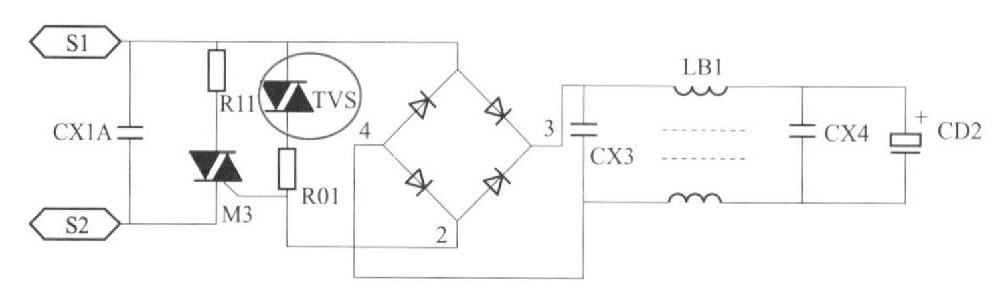

图4－20　阜康站直流断路器主支路模块电源TVS管损坏

4.2.20　应结合现场使用的工况、场景等，对部分元器件开展针对性试验，提前发现设备质量问题。

【释义】张北工程康巴诺尔站直流断路器采用的耦合负压装置中选用的升压变压器，在采购阶段未对升压变压器进行局放试验，因局放超标（>5pc），现场系统调试时升压变压器损坏，导致直流断路器不可用。

4.2.21　直流断路器各个组部件在进行出厂试验等转序过程中应制定工艺管控文件，做好防护措施，避免转序过程中造成部件损伤。

【释义】2019年5月6日，阜康站直流断路器500kV供能变压器由试验大厅转运至车间时，未做转运防护措施，导致供能变压器外壳被擦伤（见图4－21）。

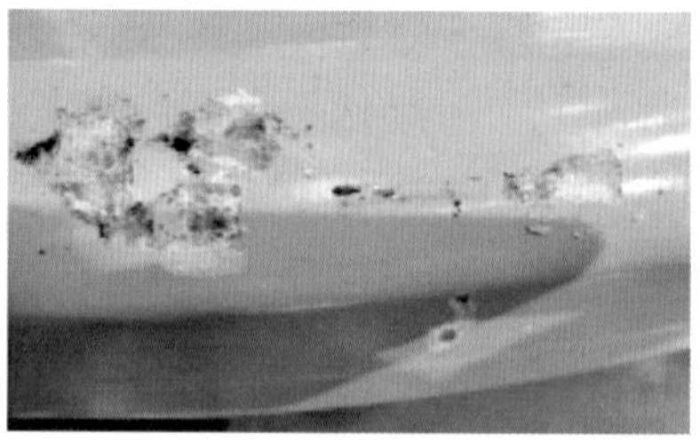

图4－21　阜康站直流断路器500kV供能变压器外壳擦伤

4.2.22 各级供能变压器线圈在绕制过程中应采取措施防止绕组层间出现错层，从而引发匝间短路问题。

【释义】2021 年 11 月 25 日和 12 月 31 日，延庆站阜延线路直流断路器出现两起供能系统失电报警，经对供能变压器的解体分析，发现机械开关主供能变压器第五级供能变压器内部发生层间短路（见图 4－22），经分析该供能变压器位于主供能变顶部第 5 级位置，在解体过程中发现输出绕组在骨架边缘处出现错层，从而引发线圈内部电场不均，长期作用下局部放电导致层间短路。

图 4－22 延庆站直流断路器第五级供能变内部发生层间短路

2020 年 1 月 18、19 日，阜康换流站调试期间，阜诺负极线直流断路器出现了 4 个机械开关（断口 12、断口 5、断口 10 及断口 9）的合闸 2 或分闸 2 驱动电压异常告警问题，经检查发现直流断路器驱动柜内的电子变压器已烧损，该电子变压器的端部绝缘设计存在缺陷：由于次级线圈间的层绝缘仅仅与线包同宽而未延伸到端圈内部与骨架同宽，导致线匝绕到端部时易使线匝嵌入端圈与线包的缝隙中，引起线匝端部错层（见图 4－23）。在对正常变压器的拆解过程中发现有部分线匝下降的层数达到了 4～5 层，导致线包匝间电位差显著上升，引起匝间短路。

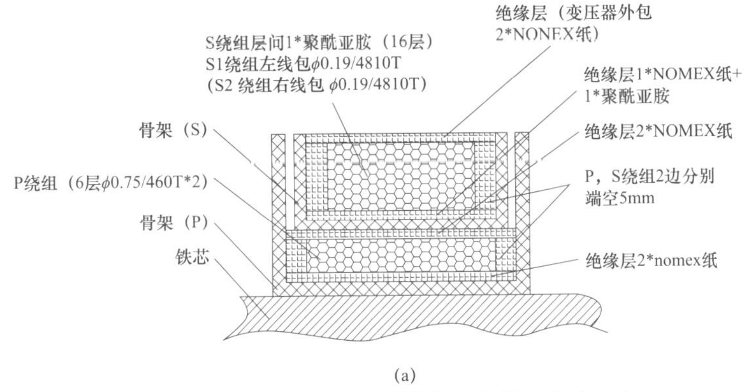

图 4－23 阜康站电子变压器剖面绕线工艺（一）

（a）优化前电子变压器剖面绕线工艺

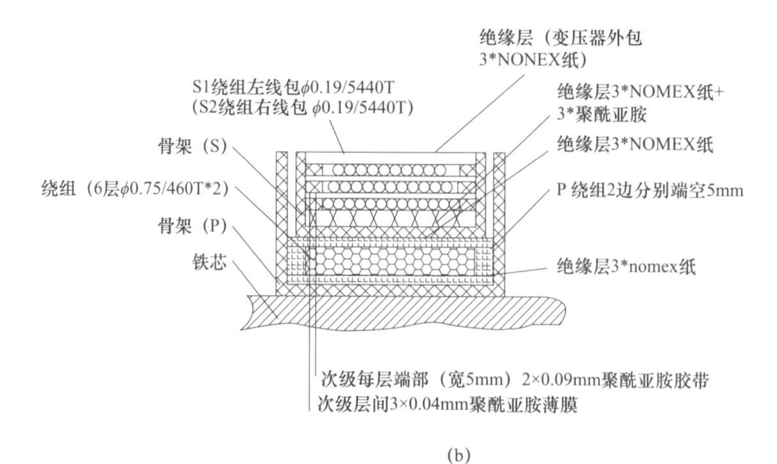

(b)

图 4-23 阜康站电子变压器剖面绕线工艺（二）

（b）优化后电子变压器剖面绕线工艺

4.2.23 直流断路器阀塔上二次板卡均应进行高温老化试验（不低于 65℃、不少于 24h），防止因引脚虚焊引起保护误动，甚至直流断路器禁分禁合。

【释义】2020 年 6 月 8 日，调试过程中康巴诺尔站阜诺正极线直流断路器 B 套本体保护装置差动保护动作，A/C 套未动作，经检查发现直流断路器主支路 B 套光 CT 就地采集板卡内 PROM 芯片引脚出现虚焊现象（见图 4-24），在传感器启动时读取 PROM 参数导致电流读取异常，获取非法数据，造成最终电流数据运算出错，进而导致 B 套本体过流保护装置上报差动保护动作信号。

图 4-24 康巴诺尔站光 CT 就地采集板卡内 PROM 芯片引脚出现虚焊

2020 年 10 月 11 日，中都站中诺正极线直流断路器报快速开关 10 号断口“储能回路故障”，直流断路器的“合闸允许”“重合闸允许”消失。经分析，机械开关储能电容充电回路个别 RC 板卡在生产过程中因受外力碰撞而造成的电阻根部受伤（见图 4-25），受伤部位长期发热引起断裂，最终导致充电故障。

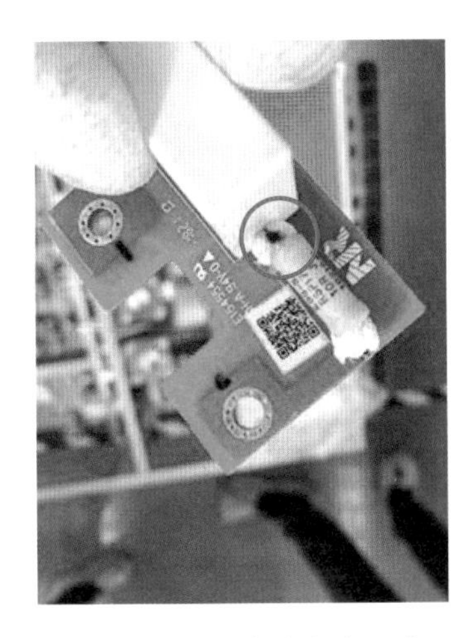

图 4-25 中都站快速机械开关储能电容充电回路 RC 板卡电阻根部损伤

4.2.24 应合理设置直流断路器采集装置的软件滤波参数，确保直流断路器采集装置的信号准确，避免外部干扰造成直流断路器误报警。

【释义】张北工程康巴诺尔站直流断路器自 2020 年 9 月 15 日后，多次上报耦合负压装置过压报警或欠压报警信号，经分析，耦合负压装置的电压采集信号因软件滤波次数过少，采集到干扰信号，导致采集到的电压值高于耦合负压装置过压报警定值或低于耦合负压装置欠压报警定值，从而上报耦合负压装置过压报警或欠压报警信号动作和复归，后续对充电机控制器在程序上进行修改，适当增加滤波系数，采用中值滤波算法，滤除直流高压采样电压值的噪声干扰后，该类故障未再发生。

2020 年 10 月 5 日、2020 年 10 月 18 日、2020 年 12 月 14 日，张北工程中都站直流断路器发生 3 起直流断路器转移支路避雷器动作误告警，经分析原因为采集单元受更高浪涌电压干扰后，引发误告警，后续在直流断路器动作逻辑中增加软件滤波延时，该类故障未再发生。

4.2.25 直流断路器控制保护设备和高电位二次板卡在存储、焊接、调试及试验环节，应采取有效的静电防护措施，避免静电损伤板卡内部元件。

【释义】舟山工程投运以来多次出现驱动故障，影响系统正常运行。断路器厂家对返厂的 IGBT 驱动故障板卡进行了逐一检测，故障板卡表现为驱动板功耗变大 0.4～0.51A（正常为 0.14A），输出电压仅有 2～6V（正常 19V），通过迭代测试，最终确认 IGBT 驱动板抗静电

干扰能力较差，MOSFET 芯片栅极和漏极受到静电损伤，导致电压击穿，IGBT 驱动板故障。

2020 年 8 月 24 日、2020 年 9 月 13 日、2021 年 8 月 14 日，阜康站断路器控制保护设备光模块存在发光变弱或不发光，导致直流保护系统接收断路器控制保护光纤通信故障。通过对光模块内部发光端面电气性能检查，发现发光端面存在发黑、变暗现象，说明故障光模块内部电气性能存在问题，导致发光功率变弱，功能异常，检测结果见图 4-26。初步分析造成该故障的原因为生产测试过程静电导致。

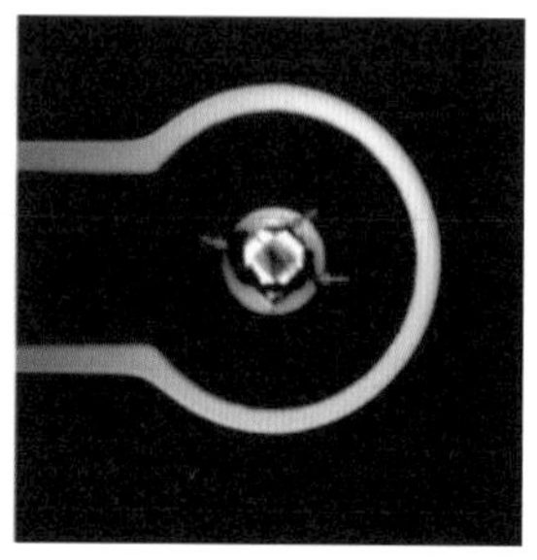

图 4-26　阜康站直流断路器板卡光模块内部发光端面受损

2020 年 11 月 9 日，康巴诺尔站阜诺直流正极线直流断路器耦合回路 B 套出现通信断链问题，经分析，原因为耦合负压装置充电机控制板通信光模块未进行可靠等电位连接，静电损伤造成光模块损坏，无法与直流断路器控保系统进行正常通信，控保装置上报耦合负压装置充电机上行通信断链信号，采用金属屏蔽编织胶布对光纤法兰悬浮金属进行等电位处理后（见图 4-27），未再发生类似故障。

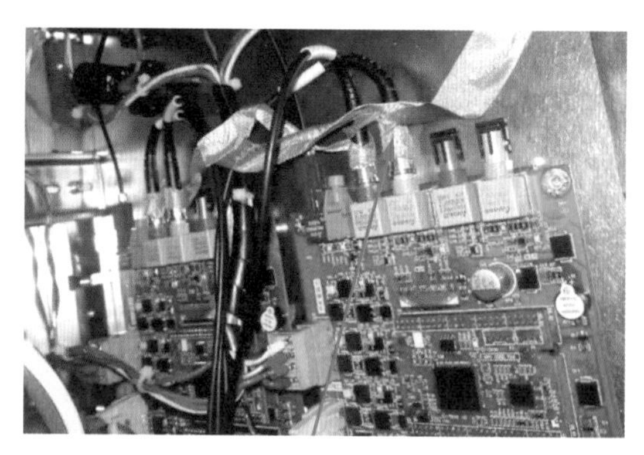

图 4-27　康巴诺尔站采用金属屏蔽编织胶布对光纤法兰悬浮金属进行等电位处理

2020 年 9 月 27 日，延庆站中延正极线直流断路器第 3 级转移支路电力电子模块的 11 号 IGBT 故障，A/B 系统同时报出“板卡电源故障”。经分析，驱动板内部一个驱动 MOS 管器件损坏（见图 4-28），经过第三方失效报告分析，判断损坏原因为静电损伤、过流过压损坏等。由于对应驱动 IGBT 器件本身无故障，排除过流或者过压损坏，初步判断为静电损坏。

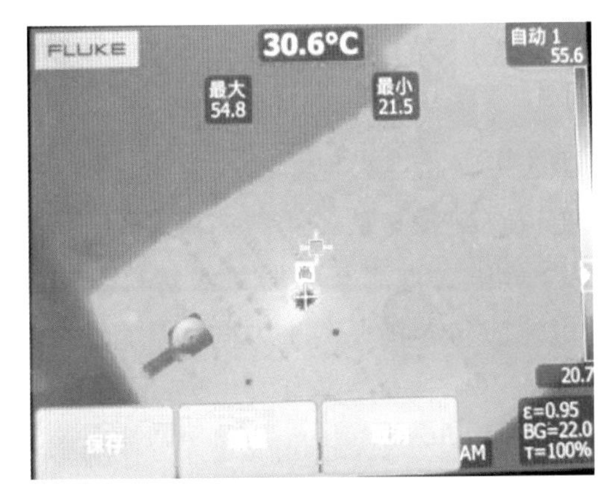

图 4－28　延庆站直流断路器电力电子模块驱动 MOS 器件损坏

4.2.26　直流断路器上各类传感器光电转换模块应选用成熟可靠品牌，并在厂内进行严格筛选测试，避免元件不可靠导致故障。

【释义】 2021 年 4 月 20 日，康巴诺尔站阜诺正极线直流断路器本体保护 C 套报 110kV 隔离变压器 1 压力通信故障，经检查为 110kV 隔离变压器 1 压力传感模块的 C 套光电转换模块故障，无法与控保系统进行数据通信，经过产品追溯，该产品在采购阶段未进行筛选测试，通信回路中故障的电阻未筛选出来，造成 110kV 隔离变压器 1 压力通信故障。

4.2.27　直流断路器出厂前应基于实时数字仿真系统开展本体控制保护装置可靠性试验，至少包括额定电流开断试验、故障电流开断试验、额定电流关合试验、重合闸试验。

4.2.28　直流断路器整机应进行抗高压隔离开关分合闸电磁干扰试验，高压隔离开关与被试断路器相关的电磁干扰源的几何布局应参考实际布置。模拟电磁干扰源的高压隔离开关直接作为试验设备的一部分，进行额定电压下的分合闸操作，分闸电流不小于 250mA，分闸次数不少于 3 次，作为电磁干扰试品的直流断路器电子电路应正常工作。

【释义】 舟山柔性直流工程直流断路器在母线侧带电，隔离开关分断过程中，直流断路器电力电子模块报驱动故障。经分析故障原因是隔离开关断开时，产生了高频振荡电流（磁场），高频电流（磁场）作用于电力电子模块 IGBT 器件两端产生一定的电压，该电压高于 IGBT 过流保护阈值时，驱动报过流保护动作。

4.2.29 每台直流断路器应在厂内进行整机试验，试验项目至少包括整机空分空合试验、整机电流开断试验。

4.2.30 每台直流断路器的主支路电力电子开关应进行最大连续运行电流试验，试验电流应包含正反两个方向，热稳定后1小时内温升应不超过1K。

4.2.31 每台混合式/耦合负压式直流断路器每级转移支路电力电子开关应进行短路电流开断试验，试验电流应包含正反两个方向，从直流断路器接到分闸指令到至试验电流开始下降的时间应小于3ms，没有发生误动或拒动现象，无器件损坏。

4.2.32 每台直流断路器应对主支路快速机械开关分闸有效开距时间的一致性进行测试，快分偏差不超过0.2ms，慢分（如有）偏差不超过0.5ms。

4.2.33 每台快速机械开关出厂时应按照开关的最低储能电压和最高储能电压对开关进行机械特性测试，以判断开关在上述储能电压下的机械特性是否能满足技术要求。

4.2.34 针对避雷器可能承受的最严苛过电压波形，避雷器应进行暂时过电压耐受试验，若受试验室条件限制，可进行等效试验。等效试验应包含定电压定能量试验及定能量定时间试验，试验能量、电压、时间，应满足实际波形考核要求。

4.2.35 快速机械开关驱动若采用电子变压器，出厂前应进行逐台进行空载老化试验，试验电压为1.5倍的额定电压，试验频率应不低于2倍的额定频率，不高于4倍额定频率。

4.3 基建安装阶段

4.3.1 直流断路器及本体控制保护设备安装环境应满足洁净度要求，在直流断路器设备区和本体控制保护设备间达到要求前，不应开展设备的安装、接线和调试。在开展可能影响洁净度的工作时，应采取必要的设备密封防护措施，直流断路器宜采用防尘罩，本体控制保护屏柜及装置散热孔宜采用防尘膜。当施工造成设备内部受到污秽、粉尘污染时，应返厂清理并经测试正常，经专家论证确认设备安全可靠后方可使用，情况严重的应整体更换设备。

【释义】2020年8月13日，中都站中延正极线直流断路器后台监控报“第3级转移支路3号IGBT上行通道故障”，现场对该驱动上行通信光纤接头清洁并重新插入后，故障复归。根据现场处理结果，可能为现场板卡及光纤通信接口有污损所致，后续加强施工过程管控。

2020年6月5日、6月23日，阜康站阜诺负极线直流断路器在进行分闸操作过程中，发生两次IGCT阀组异常，两次失效为同一阀塔安装位置的IGCT。经检查分析后怀疑该器件位置的触发控制板光接口光纤连接有松动、光纤接口表面不干净，输出光强时弱时强，导致 IGCT 阀组误触发引起阀组失效。

4.3.2 直流断路器本体控制保护设备安装时，应检查主机、板卡连接插件、电源及信号端子的固定及受力情况，防止接触不良造成误发信号或误报故障。

4.3.3 主水管的安装和固定应满足抗振、防漏要求。

4.3.4 内冷水应优先选用软化水，不应因水质原因造成均压电极严重结垢，进而导致电极变粗、密封圈腐蚀、管路堵塞和水管脱落。

4.3.5 新建工程应验证直流断路器检修模式工作正常。

4.3.6 应在现场对直流断路器开展主供能变压器耐压试验、额定电流开断试验以及小电流开断试验。

4.3.7 若配置有直流断路器设备区智能巡检系统（红外测温系统），应合理设置固定点位及巡检轨道，确保关键设备全覆盖，且安装位置应避免轨道及摄像头零件脱落损坏直流断路器设备。

4.3.8 光 CT 光纤应采取可靠的固定措施，不应承受拉力，以免光纤受损。

【释义】张北工程康巴诺尔现场直流断路器安装阶段，负极直流断路器所有光纤敷设完成且封闭处理后，厂家在光纤校准过程中发现 1 根保偏光纤损坏。现场施工单位未按照设计院图纸敷设光纤管路，管道拐点过多，厂家专业技术人员敷设光纤困难，造成光纤拉扯损伤。

4.3.9 耗能支路 MOV 在现场组装顺序，应与厂内配组试验结果保持一致。

【释义】张北工程在进行康巴诺尔－中都负极线康巴诺尔侧人工短路接地试验中，直流断路器耗能支路避雷器每层 CT 录波电流值偏差较大。电流值最大的一层为：1109A，电流值最小的一层为：648A，回路总电流：2275A。经试验验证分析，避雷器未按规定的编号正确安装是导致每层 8 个单元节之间电流分布不均匀的主要原因。

4.3.10 直流断路器内部各支路 CT 的极性宜与极线极性保持一致。

【释义】2020 年 6 月 9 日，康巴诺尔站中诺线在人工短路试验过程中，正负极直流断

路器均上报耗能支路击穿故障，直流断路器失灵。分析发现耗能支路 CT 电流极性与线路电流相反，满足了既定的避雷器击穿故障判据条件，从而上报耗能支路击穿故障，实际耗能支路未击穿。事后重新标校康巴诺尔站中诺线正、负极直流断路器就地采集柜中光 CT 极性，使耗能支路电流极性与线路电流一致，避免误判。

4.3.11 应对直流断路器的所有二次接线进行检查，确保接线正确、连接紧固。

【释义】2020 年 6 月 2 日，康巴诺尔站阜诺正极线直流断路器合闸操作失败，经检查为快速机械开关 2 和 3 号控制箱内密度继电器二次供电回路中的浪涌保护器 L、N 接线错误（见图 4-29），导致机械开关合闸动作过程中浪涌保护器保护间隙被击穿，导致机械开关 2 及后级所有机械开关控制箱失电，最终导致直流断路器合闸操作失败。

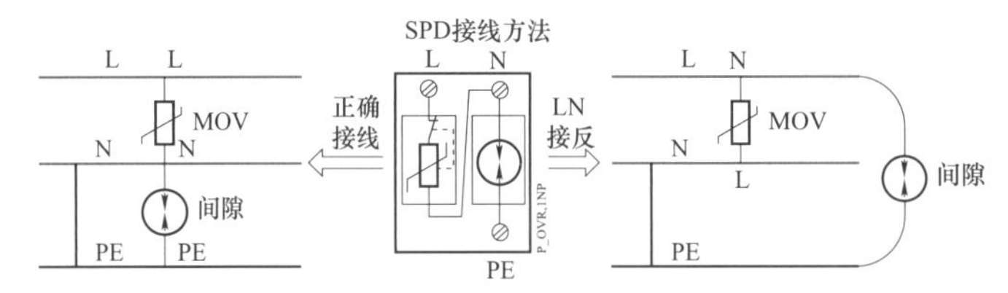

图 4-29 康巴诺尔站快速机械开关二次供电回路中浪涌保护器 L、N 接线错误

4.3.12 供能变压器运输过程中应对套管采取必要的保护措施，现场吊装及配件安装过程中应对供能变压器采取防碰撞措施，避免本体碰撞受损。

【释义】2020 年 7 月 28 日，阜康站阜延正极线直流断路器后台报主供能变压器压力低告警，现场检查发现该主供能变压器三块压力表均达到报警值。供能变压器外观检查过程中，发现主供能变压器套管伞裙自上向下第 14-15 伞裙之间有一处明显破损点（见图 4-30），用 SF_6 检漏仪检测该漏点有 SF_6 气体泄漏。厂内解体后发现绝缘筒凸起玻璃丝下方部位有漏气点，判断故障原因是绝缘丝筒受损所致。

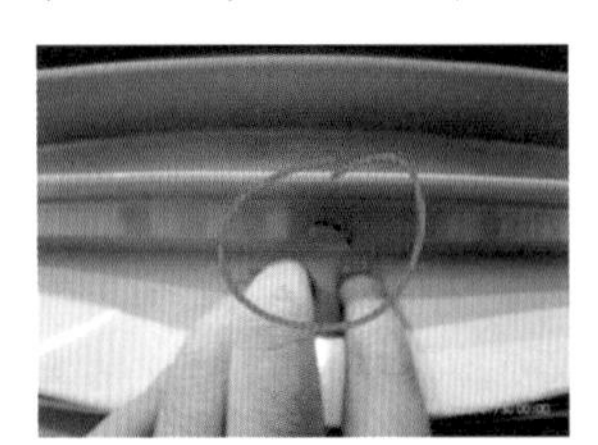

图 4-30 阜康站阜延正极线直流断路器主供能变压器绝缘丝筒受损

4.4 调试验收阶段

4.4.1 应通过插拔直流断路器控制系统与直流断路器阀接口单元、直流控制保护系统及水冷控制系统间的光纤，以及采用屏柜断电等方式验证系统切换、事件报警等功能是否正确。

4.4.2 软件修改若涉及直流断路器的控制和保护等功能，厂家应在厂内开展各种工况下的仿真试验，调试单位应开展必要的现场试验验证。

【释义】2020 年 5 月 28 日，阜康站阜诺负极线直流断路器执行合闸后出现第一层转移支路欠压动作告警，现场检查发现在修改了避雷器自锁相关逻辑程序后，后台相应的增加 4 个自锁冷却时间显示，在重新导入 SCD 文件时，误将合闸信号关联了“第一层转移支路欠压”信号，在合闸时会报出“第一层转移支路欠压动作”报文。

4.4.3 新建工程验收时核查主通流回路接头档案，确保工艺要求和技术参数合格，运维单位应按不小于 1/3 的数量进行力矩和直阻抽查，直流断路器接头直阻应不大于 10μΩ。

4.4.4 直流断路器供货时应配备功能完善、性能良好的子模块试验仪，在设备调试验收时进行功能验证。

4.4.5 应对单个快速机械开关主回路电阻（包含接触面及导体）进行测量，夹钳位置分别为电流进出线端，试验电流不小于 100A，总回路电阻（包含接触面及导体）应不超过额定值的 110%，且应符合产品技术文件规定。

4.4.6 应对快分、慢分（如有）过程中快速机械开关触头达到额定开距时间的一致性进行验证，快分偏差不超过 0.2ms，慢分（如有）偏差不超过 0.5ms。

4.4.7 配置水冷设备的直流断路器应检查阀塔漏水检测装置动作结果正确。

4.4.8 配置水冷设备的直流断路器应加强水管接头的验收，确认每个水管接头按力矩要求紧固，对螺栓位置做好标记，并建立水管接头档案，做好记录。

4.4.9 配置水冷设备的直流断路器厂家应提供足够类型、数量的水管、接头密封圈等备件，备件数量按使用量 5%～10%配置。

4.4.10 机械式直流断路器应检查转移支路储能电容充电极性是否与极线极性匹配。

4.4.11 直流断路器本体涉及“三取二”的非电量保护（如有），应从本体表计侧逐一开展“三取二”“二取一”“一取一”逻辑验证，防止保护误动或拒动。

【释义】 2019 年 11 月，检修人员在阜康站进行直流断路器主供能变压器和层间供能变压器 SF_6 压力非电量“三取二”保护功能验收时，出现了层间供能变压器 SF_6 压力“二取一”和“一取一”保护动作出口异常问题，原因为不同层间供能变压器 SF_6 压力异常信号关联错误，导致保护出口异常。

2019 年 12 月，检修人员在中都站进行直流断路器主供能变压器 SF_6 非电量保护逻辑验收时发现，20 台主供能变压器 3 号表对应的 C 套保护均无法出口，导致三取二保护逻辑无法出口，原因为现场接线图纸错误（见图 4－31），主供能变压器 3 号表的报警接点未接入对应的直流断路器保护系统 C 中，导致直流断路器 C 套保护系统无法出口。

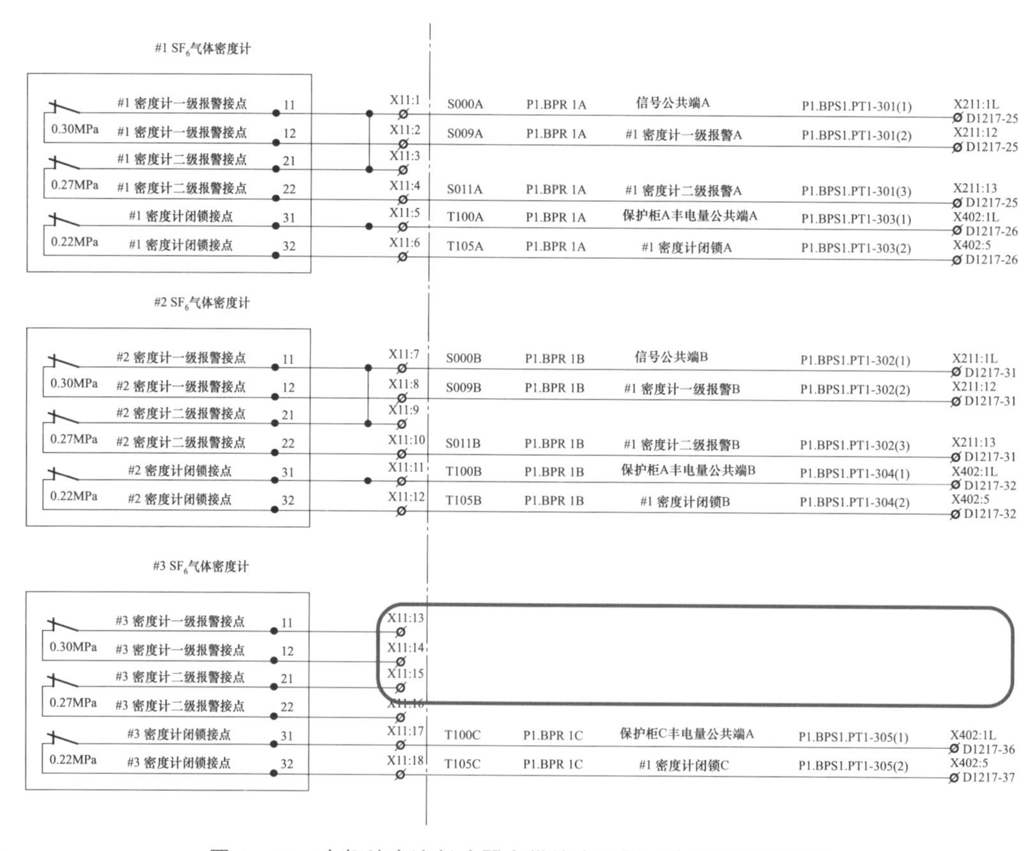

图 4－31　中都站直流断路器主供能变压器二次接线图纸错误

4.5 运维检修阶段

4.5.1 直流断路器正常运行及检修、试验期间，直流断路器设备区内相对湿度应控制在60%以下，保证阀体表面不结露，如超过或结露时应立即采取相应措施。

4.5.2 直流断路器检修后首次带电时应进行关灯检查，观察阀塔内是否有异常放电点。运行期间应记录和分析阀接口单元的报警信息，掌握快速机械开关、电力电子模块、光纤、板卡及供能系统的运行状况。

4.5.3 运行期间应定期对直流断路器一、二次设备进行红外测温，建立红外图谱档案，进行纵、横向温差比较，及时发现设备隐患并利用停电时机进行处理。

【释义】2021年11月24日，康巴诺尔站在日常巡视过程中发现中诺负极线直流断路器供能UPS逆变整流柜存在过温和异响的情况。打开屏柜采用红外热成像仪测量内部变压器温度，负极两套UPS柜内部变压器温度均达到120℃，对负极两套UPS的逆变反馈电容进行了拆除和检查，逆变反馈电容容值下降较为明显，两台分别从101μF和102μF下降至95.8μF和92.6μF，引起两台UPS输出电压差异，进而引起环流，导致变压器高温和异响，变压器高温进一步加剧逆变反馈电容受损程度，形成恶性循环，对两套UPS受损的电容更换后，UPS供能柜内异响消除。

4.5.4 应加强对直流断路器检查，重点检查直流断路器设备区地面、直流断路器屏蔽罩、底盘及塔内部有无水迹或其他异物。

4.5.5 检修期间应检查漏水检测装置（如有）报警功能，后台报文应能准确报出漏水的直流断路器编号。

4.5.6 检修期间应对单个快速机械开关总回路电阻（包含接触面及导体）进行测试，总回路电阻（包含接触面及导体）应不超过额定值的110%，且应符合产品技术文件规定。

4.5.7 检修期间应对主支路快速机械开关分闸有效开距时间的一致性进行测试，快分偏差不超过0.2ms，慢分（如有）偏差不超过0.5ms。

4.5.8 检修期间应检查快速机械开关表面及驱动柜内是否有放电痕迹、螺栓是否松动、储能电容是否有异常、遮光板功能是否正常、光纤传感器的安装结构是否松动等。

【释义】2021 年 11 月 30 日，阜康站阜诺正极线直流断路器在进行合闸操作后，直流断路器随即执行了自保护分断，直流断路器报合闸失败，经分析，原因为 5 号断口控制柜内有一处连接排的螺栓松动（见图 4－32），引起合闸回路导电排接触不良，最终引起直流断路器合闸失败。

图 4－32　阜康站阜诺正极线直流断路器快速机械开关控制柜内连接排螺栓松动

4.5.9　检修期间应检查电容器、电抗器和电阻器等表面是否有放电痕迹等。

4.5.10　对于采用水冷系统的直流断路器，停电检修期间应开展水管路上各类阀门检查，阀门状态正常，阀门位置正确。若直流断路器配置分支水管阀门，在完成检修工作后，应检查确认阀门处于全开状态，并采取必要措施防止阀门在运行中受振动发生变位。

4.5.11　检修完成后应开展直流断路器分闸操作、合闸操作，验证直流断路器功能正常。

【释义】2021 年 7 月 31 日，阜康站阜延负极线直流断路器检修后，在进行整机功能测试时，上电后主支路 S1－5 模块出现旁路开关动作，现场更换模块中控板后恢复正常。返厂测试发现板卡 200V 电源上电后，幅值在 5～1.96V 之间跳变，周期为 100μs，24V 转 220V 电源明显异常，因此造成光耦原边不导通，致使发生旁路误动故障。

2019 年 3 月 4 日，康巴诺尔站阜诺线直流断路器在进行首次合闸调试操作时，合闸失败，后台显示有一个机械开关位置不在合位（见图 4－33），经现场检查该机械开关处于非分非合状态，该机械开关合闸充电电压设置偏小，未能跨过机械上的动态不稳定死点，后将合闸充电电压提升 20V，然后重新操作，合闸正常。

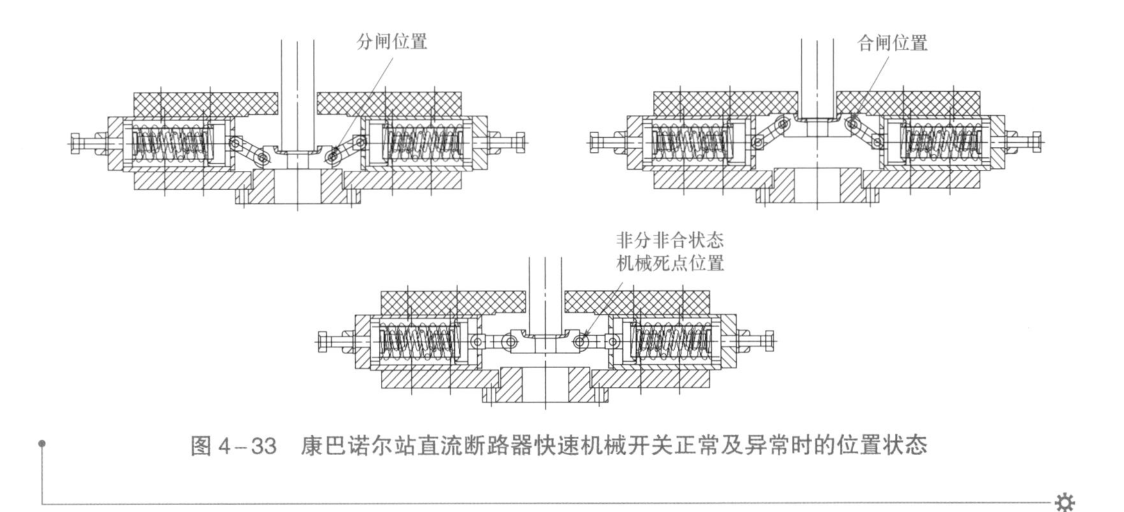

图 4-33 康巴诺尔站直流断路器快速机械开关正常及异常时的位置状态

4.5.12 耗能支路 MOV 如需更换应进行整级更换。

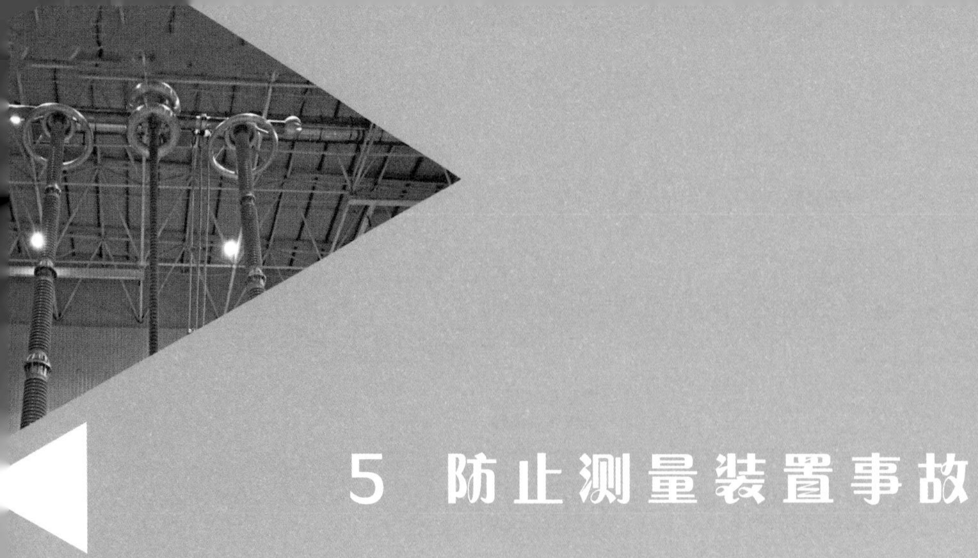

5 防止测量装置事故

5.1 规划设计阶段

5.1.1 测量装置应根据换流站站址气候条件、环境特性选用，应满足站址和标准规定的温度、振动、潮湿以及电磁环境等条件要求，测量装置的传感光纤、调制器、远端模块、采集单元等户外布置组部件应选择耐低温与高温、抗震、抗电磁干扰强的元器件，并采取可靠保温、防震、防潮、防电磁骚扰措施，且通过规定的试验考核，合格后方可选用。

【释义】2021 年 1 月 7 日，锡盟站直流场 28 台 GE Ⅰ代光 CT（许继供货）中，13 台在 −32℃以下时测量异常。温度回升 CT 恢复过程中，因差流过大相继导致极Ⅱ双换流器和极Ⅰ高端换流器闭锁。

2020 年 12 月 31 日，德阳站光 CT 防雨罩与润京供货的 GE Ⅱ代技术光 CT（润京供货）调制罐在风雨天气下，振动导致测量电流突变，极 1 直流滤波器差动保护动作后闭锁。

2021 年 1 月 7 日，康巴诺尔站直流场 7 台 GE Ⅰ代光 CT（许继供货）在 −39℃时因测量异常导致直流保护退出。

2020 年 12 月 3 日～2021 年 2 月 3 日，淮安站发生 3 起直流场 GE Ⅰ代光 CT（许继供货）调制罐进水故障，单套直流保护退出，造成单阀组临停消缺。

5.1.2 直流分压器低压臂至电阻盒信号若配置屏蔽双绞线，应采用双套冗余配置，双套屏蔽双绞线不应安装于同一波纹管中，双绞线应维持双绞状态直至最终接线处，不得提前打开。

5.1.3 采用电信号传输的直流分压器，一次本体至二次屏柜间电缆应采用双套冗余配置，且电压测量板卡应采用双测量通道，避免由于单个端子松动导致冗余控制保护系统直流电压测量异常。电缆接地应符合厂家技术要求。

5.1.4 测量装置合并单元应采用两路直流电源供电，且两路直流电源应取自不同蓄电池组供电的直流母线，每路电源均应配置监视功能。

5.1.5 测量装置合并单元应配置完善的自检功能，当出现远端模块A/D采样异常、电源异常、数据发送异常、光纤断纤、激光供能异常时，能及时产生告警。

5.1.6 测量装置合并单元品质位异常信号应能及时上送给直流控制保护系统，防止因测量异常、装置故障导致控制保护误动作。

【释义】 2016年2月6日08:12:00，舟泗站PCPB套报“线路纵差保护负极线路0跳闸”，并发出联跳命令，四站停运。同时，在08:12:02，PCPB套报“2号板卡合并单元品质位故障”“8号板卡合并单元品质位故障”“9号板卡合并单元品质位故障”。控保系统配置了收到合并单元品质位故障后，闭锁相关保护的逻辑，但是由于合并单元品质位故障信息上送存在延时，控保装置未能及时对保护进行闭锁操作，导致直流线路纵差保护动作。

5.1.7 冗余控制保护系统的测量回路应完全独立，电子式光CT、采用光信号传输的直流分压器从远端模块开始应采用3+2配置，纯光CT从光纤传感环开始应最低按3+1配置，且备用光纤应连接至相应的合并单元。

5.1.8 测量装置的信号采集单元、合并单元等含二次板卡的设备不宜布置于阀厅内部，应布置在方便更换的区域。

5.1.9 极母线、中性母线直流分压器应布置于平波电抗器外侧，准确测量直流系统动态电压。

5.1.10 除电容器不平衡CT、滤波器电阻/电抗支路CT以及直流滤波器低压端测量总电流的CT之外，保护用CT应根据相关要求选用P级或TP级，避免保护误动。

【释义】 葛洲坝站因CT选型错误，导致保护误动作。葛洲坝换流变压器阀侧套管CT二次绕组仅一个TPY次级，其他绕组均为测量级。两套换流变压器保护接入TPY次级，两套直流保护接入了0.5FS次级。2006年6月21日发生区外故障时，极Ⅰ和极Ⅱ换流变压器套管0.5FS次级CT饱和，换流阀D桥差保护4段动作，双极停运。

5.1.11　在快速的差动保护中应使用相同暂态特性的电流互感器，避免因电流互感器暂态特性不同造成保护误动。

【释义】2017年9月15日，广固站小组滤波器首端、尾端CT暂态特性不一致导致差动保护动作。原因为首端CT为空心线圈，尾端CT为5P40的光CT，首端CT充电电流变化较快导致线圈输出电压较高，超过了电阻盒限幅元件电压，导致保护电流不能真实反应实际电流。

2008年8月13日，葛洲坝站CT暂态特性不一致导致D桥差动保护动作。原因为单相故障后双极换流变压器FS型CT传变特性变差，与其他两相比较电流发生畸变。暴露出设计时CT选型时未充分考虑CT的暂态特性。

5.1.12　站内接地回路电流测量装置（IDGND）的测量范围应大于NBGS开关的最大通流能力。

【释义】2013年3月5日，龙泉站因极Ⅱ用于测量双极中性区域冲击避雷器泄漏电流的PS862XP板卡故障导致极Ⅱ双极中性线差动保护动作闭锁极Ⅱ，并闭合NBGS开关；极Ⅱ闭锁后，极Ⅰ转带极Ⅱ功率，此时站内临时接地NBGS开关闭合，极Ⅰ直流电流同时流过接地极线路和NBGS开关，因流过NBGS开关的电流超过站内接地电流互感器（IDNGND）的测量范围，双极中性差动保护动作导致极Ⅰ闭锁。

5.1.13　测量装置测量回路的配置应能够满足直流控制、保护设备对回路冗余配置的要求。冗余控制或保护系统的测量回路应完全独立，不得共用。

【释义】宜宾站直流保护为三套经三取二逻辑出口，斯尼汶特提供的直流光TA就地接口盒到控制保护系统仅有两根光缆（见图5－1），一根光缆故障可能导致两套保护动作，不满足保护三重化配置要求。

图 5－1　宜宾站直流光 TA 就地接口盒光缆情况

5.1.14　光 CT、零磁通 CT 传输环节存在接口单元或接口屏时，双极电流信号不得共用一个接口模块，双极测量系统应完全独立，避免一极测量系统异常，影响另外一极运行。

5.1.15　测量回路应具备完善的自检功能，当测量回路异常时，应能够产生报警信号送至控制保护装置。

【释义】2010 年 12 月 19 日，灵宝站直流分压器二次模块故障，因自检功能不完善无报警信号输出，未闭锁直流低电压保护。

5.1.16　光 CT、零磁通 CT、直流分压器等设备测量传输环节中电子单元、合并单元、模拟量输出模块等，应由两路独立电源供电，每路电源具有监视功能。

【释义】2009 年 8 月 12 日，葛洲坝站中性线电压测量装置隔离放大器电源失电导致双极闭锁，经排查该装置采用单电源供电，电源失电后导致电压测量异常。

斯尼汶特直流光 CT 合并单元虽然有两块电源板供电，但其中一块用于激光发射板激光模块供电，另一块用于 CPU 模块及通信模块供电，两路电源无物理上的联系，均为单一电源供电模式，单一电源模块断电会造成单套保护故障退出和控制系统的严重故障或紧急故障（见图 5－2）。

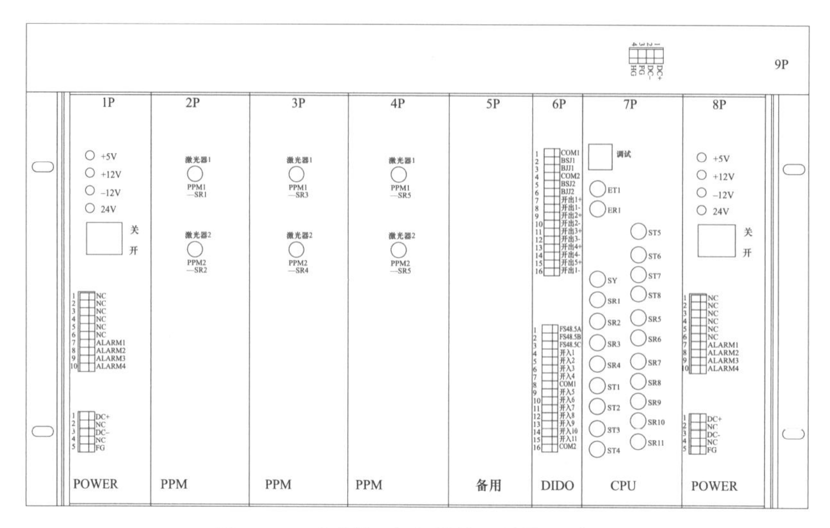

图 5-2　葛洲坝站合并单元结构示意图

5.1.17　直流分压器对应各冗余控保系统的二次测量板卡应独立设计且相互隔离，单一模块或单一回路故障不应导致保护误出口或测量异常。

【释义】直流分压器电压测量板并联在同一回路，更换测量板卡时将导致其他测量屏直流电压 UDL、UDN 测量异常。

斯尼汶特直流电压测量回路由本体经单一回路至测控系统，分别并接至其他系统，且在柜内短接片在端子排内部，存在单一端子排划开或故障时两系统失去电压闭锁直流的风险（见图 5-3）。

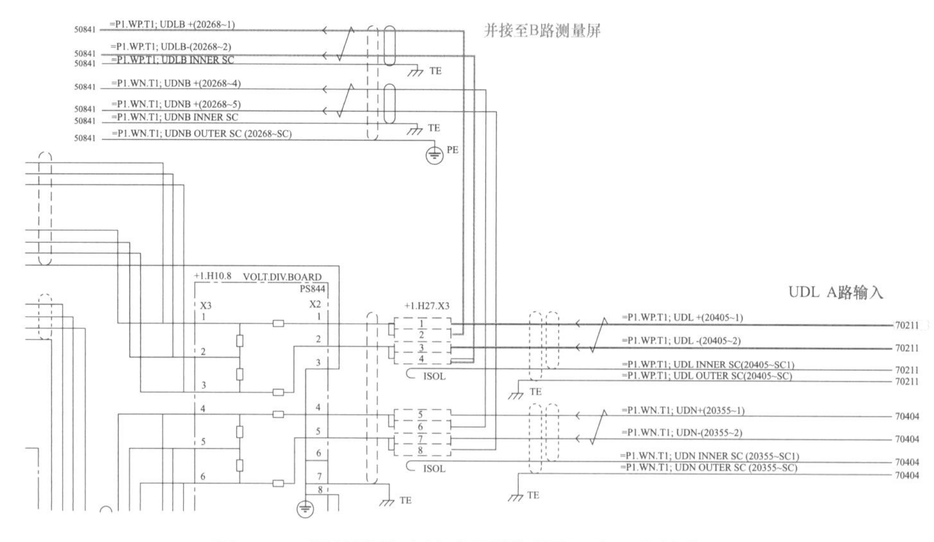

图 5-3　斯尼汶特直流分压器测量回路二次接线图

5.1.18 光CT、采用光纤传输的直流分压器应配置冗余远端模块或传感光纤，并应做好远端模块至控制楼接口屏的光纤连接。

【释义】光CT应配置冗余远端模块且做好光纤连接至控制楼接口屏柜，当发生通道故障进行更换时可不停运直流，在合并单元或直流保护主机处切换光纤通道。对于纯光纤CT，应配置冗余的传感光纤，可在纯光纤CT内的传感光纤故障时，不停电切换光纤通道。

5.1.19 电子式光CT、光纤传输的直流分压器二次回路应配置充足、可用的备用光纤，备用光纤一般不低于在用光纤数量的100%，且不得少于3根，防止由于备用光纤数量不足导致测量系统不可用。

5.1.20 电子式光CT电阻盒测量回路、远端模块输入端口，零磁通CT二次端子应避免采用压敏电阻、气体放电管等限压元件，避免由于器件故障短路后导致保护误动或控制系统故障。

【释义】2020年12月13日，宾金直流金华站极Ⅰ低端换流器三套差动保护动作，极Ⅰ低端换流器强迫停运，现场检查发现电子式光CT测量回路公共端电阻盒内部压敏电阻性能劣化导致短时击穿阻值到零，引起保护误动。

5.1.21 零磁通CT电子模块饱和、失电报警信号应接入直流控制保护系统，报警后应能及时闭锁相关保护，避免保护误动。

【释义】2013年1月14日，穆家站零磁通CT电子模块故障导致极Ⅰ闭锁，原因为零磁通CT电子模块异常时，硬接点告警信号，先经过BFT屏RS852板卡采集，通过CAN送入PPR主机。传输延时过长，保护未能及时收到告警信号，闭锁相关保护，导致过流保护误动作。

2018年7月19日，柴达木站零磁通本体异常导致极Ⅱ闭锁，检查发现零磁通CT磁饱和信号延时时间长于中性线差动保护动作时间，未能在零磁通CT发出磁饱和告警信号时及时闭锁中性线差动保护，造成直流单极闭锁。

5.1.22 测量装置或其程序重启后应预留足够时间保证电流测量值达到正常值后，再输出装置工作正常信号至控制保护系统，防止重启过程中测量值错误引起保护误动。

【释义】2020 年 7 月 17 日，复龙站交流滤波器光 CT 合并单元 main 程序自动重启，初始化过程中，光 CT 电流测量值、数据奇偶校验值均初始化为 0（0 表示数据正常），交流滤波器保护主机紧急故障复归，母线差动电流达到定值，延时 3s 保护出口，故障暴露出重启过程中光 CT 主机数据奇偶校验值未能有效避免光 CT 输出异常电流。

5.1.23　光 CT 的测量异常检测功能启动门槛值设置应满足最低运行电流要求。

【释义】2017 年 10 月 6 日～9 日，苏州站由于光 CT IDC1P 测量异常引发多次换相失败。由于光 CT 的测量异常检测功能的门槛值设置大于 4096A 时才开始检测，期间测量检测功能均未能启动，后将门槛值修改至最低运行电流，换流器投运即启动测量异常检测功能。

5.1.24　光 CT 的告警信息应接入直流控制保护系统，光功率、温度、接收数据电平等状态量信息应送至运行人员监控系统。

5.1.25　光 CT、光纤传输的直流分压器传输回路应选用可靠的光纤耦合器，户外采集单元接线盒应满足 IP67 防护等级，且有防止接线盒摆动的措施。采集单元应满足安装地点极端运行温度要求和抗电磁干扰要求。

【释义】2008 年 1 月 1 日，南桥站极Ⅰ直流分压器端子箱受潮导致直流闭锁。

5.1.26　纯光 CT 光源板卡电源端子宜采用焊接连接方式，调制电缆、温度信号电缆上应增加电磁屏蔽措施。纯光 CT 光纤宜敷设在电缆沟内，低温地区应避免长距离穿管或直埋，并采取防积水、冰冻措施。

【释义】2018 年 11 月，锡盟站所在地区环境温度大幅下降，最低降至 -30℃，11 月 27 日开始，锡盟站频繁出现光 TA 故障告警。检查发现光 CT 光纤穿线管内结冰严重，对光纤造成损伤。

5.1.27　电压、电流测量装置端子箱进线孔、穿管孔应有保护、固定措施，端子箱内电缆（尾缆）应留有足够裕度，防止由于沉降等引起电缆（尾缆）下移后被进线孔边缘划伤。

5.1.28　电压、电流测量装置基础底座应高于站址所在地区的最高降雪厚度，避免设备底部被积雪覆盖。

5.1.29　光 CT 连接导线和金具设计应避免在地震、大风等恶劣条件下，摆动超过限值，造成搭接短路。

【释义】2008 年 5 月 12 日，江陵站因地震导致双极阀差动保护误动作，经分析由于阀厅光 CT 与阀塔管母采用软连接，地震期间管母晃动，连接线与光 CT 均压环触碰产生分流，导致光 CT 测量异常。

5.1.30　纯光 CT 户外调制箱应满足 IP67 防护等级，并采取相应的驱潮措施，避免调制箱受潮后输出异常电流。

【释义】2020 年 12 月 3 日～2021 年 2 月 3 日，淮安站发生 3 起光 CT 调制箱进水故障，单套直流保护退出，造成单换流器临停消缺。

5.1.31　直流电流测量装置的户外部分应开展湿热试验，试验方法按照 GB/T 2423.3《环境试验　第 2 部分：试验方法　试验 Cab：恒定湿热试验》的规定，试验温度 40℃，温度容许偏差范围为±2℃，相对湿度 93%，湿度容许偏差范围为－3%～＋2%，持续时间 96h，试验过程中误差不得超过规定限值。

5.1.32　滤波器光 CT 的就地测量端子箱应布置在围栏外，便于开展检修维护工作。

5.2　采购制造阶段

5.2.1　直流分压器应具有二次回路防雷功能，如采取在保护间隙回路中串联压敏电阻的措施，防止雷击引起放电间隙动作时导致直流闭锁。

【释义】2015 年 9 月 19 日，锦屏站近区雷击导致站内地网电压抬高，同时造成极Ⅰ、

极Ⅱ直流分压器二次分压板保护间隙击穿、未能熄弧，致使直流电压始终无法建立，进而引起直流线路欠压保护动作。因线路故障互相闭锁另一极的再启动逻辑，导致双极同时停运。

5.2.2 测量装置的芯片、光源、光纤、光通信收发模块、插槽需选用经检测合格的成熟可靠品牌型号，按照降额使用原则选型，并在出厂之前进行老炼筛选，避免元件不可靠导致故障。

【释义】2020 年 11 月 10 日，阜康换流站阜诺负极线直流断路器光 CT 采集单元装置“光路异常 1”报警灯亮，现场更换了故障采集单元的 NR0132B 插件，光路异常告警消失，对返厂的故障 NR0132B 插件进行检测，发现 PINFET 光探测器输出端异常，由此怀疑光探测器故障，经过产品追溯，采集单元中光探测器 PINFET 发生了工艺变化，其中三极管采用了两种工艺器件，新工艺器件初期采用低倍率放大镜筛选导致少量缺陷器件未能筛选出来（见图 5-4）。

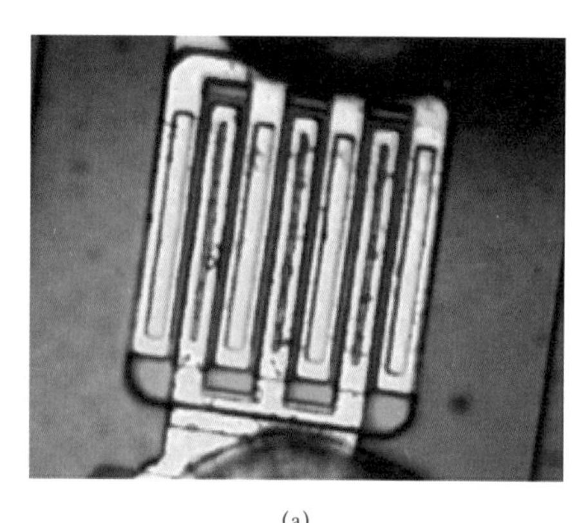

(a)

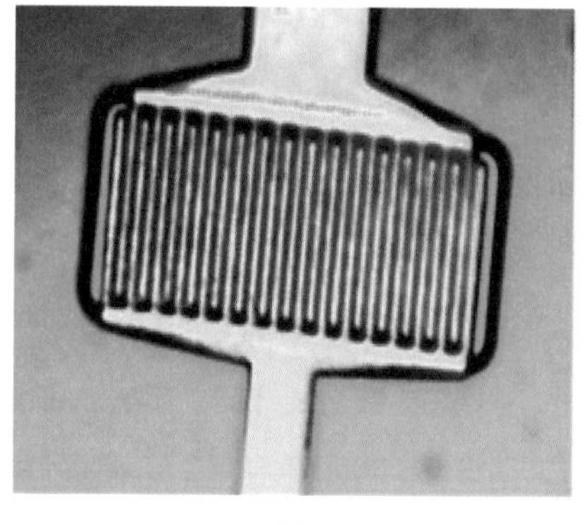

(b)

图 5-4 阜康站光 CT PINFET 器件工艺不良

(a) 旧工艺 PINFET 器件；(b) 新工艺 PINFET 器件

5.2.3 直流分压器宜采用光信号传输，若采用电信号传输，应做好隔离放大器选型，确保量程匹配。

5.2.4 SF_6 密度继电器与互感器本体连接方式应满足不拆卸校验密度继电器的要求。

5.2.5 气体绝缘互感器应设置安装时的专用吊点并有明显标识。

5.2.6 CVT 应选用速饱和电抗器型阻尼器，并应在出厂时进行铁磁谐振试验；二次引线端子和末屏引出线端子应有防转动措施；中间变压器高压侧对地不应装设氧化锌避雷器。

【释义】2020 年 7 月 11 日，扎鲁特站因换流变进线 CVT 二次回路绝缘降低，在极短的时间内被激发出两次铁磁谐振，造成交流电压大量值迅速上升，导致极Ⅰ低端换流器闭锁。

5.2.7　气体绝缘互感器的防爆装置应采用防止积水、冻胀的结构，防爆膜应采用抗老化、耐锈蚀的材料。

5.2.8　气体绝缘互感器、纯光 CT 应满足卧倒运输的要求，运输过程中每台互感器应安装带时标的三维冲击记录仪。到达目的地后检查振动记录装置的记录，若记录数值超过 10*g* 一次或 10*g* 振动子落下，应返厂解体检查。

5.2.9　气体绝缘互感器运输时所充气压应严格控制在微正压状态。

5.2.10　电子式光 CT 分流器、电阻盒、远端模块之间连接端子、导线应具备有效的防氧化措施，并采用可靠的屏蔽措施。

5.2.11　纯光 CT 传感光纤环、保偏光纤、调制模块等应通过优化产品设计和安装方式、采用特定的减振材料等措施提高抗振性能，产品型式试验报告中应包括一次部件和二次部件的振动试验，纯光 CT 不应因外界接触和传导振动而输出异常电流。

【释义】2020 年 12 月 31 日，德阳站光 CT 调制箱抗振动能力差，外界振动引起测量电流突变，导致极Ⅰ 011LB 直流滤波器第二套差动保护动作，闭锁直流。

5.2.12　直流电流测量装置应开展振动试验，包括振动响应试验和振动耐久试验。宜模拟运行安装情况进行试验，试品通过螺栓与振动试验平台进行固定，产品分别沿三条相互垂直的轴线方向（上下、左右、前后）进行试验。振动试验为破坏性试验，宜安排在最后进行。试验要求如下：

（1）振动响应试验：通流情况下进行试验。

一次部件振动（分流器型产品不适用）：每一方向扫频 1 次，每次 8min，总试验时间 48min。振动加速度 $20m/s^2$，试验频率 10Hz～150Hz，交越频率 58Hz～60Hz；振动加速度 $5m/s^2$，试验频率 150Hz～2000Hz。

二次部件振动：每一方向扫频 1 次，每次 8min，总试验时间 48min。振动加速度 $10m/s^2$，试验频率 10Hz～150Hz，交越频率 58Hz～60Hz；振动加速度 $5m/s^2$，试验频率 150Hz～2000Hz。

试验过程中监测产品输出，不允许输出异常，包括出现通信中断、丢包、品质改变、突变量引起保护启动、波形明显畸变等。

（2）振动耐久试验：不通流情况下进行试验。

每一方向扫频 20 次，每次 8min，总试验时间 480min。振动加速度 10m/s^2，试验频率 10Hz～150Hz。试验后检查产品外观，并在通流情况下监测产品输出，误差不得超过规定限值。

（3）振动前后误差变化不得超出误差限值的一半。

5.2.13 纯光 CT 传感环内不同测量通道的传感光纤应分槽或分层布置，避免光纤纠缠，保偏光纤应选用耐温度冲击类型产品，避免低温影响其光学性能。采用压电陶瓷调制方式纯光纤 CT 在低温地区宜增加针对调制模块的温控装置，避免极端低温对调制模块影响。纯光 CT 产品型式试验报告中应包括一次部件和二次部件的温度循环试验，避免纯光 CT 在高低温下输出异常。

【释义】2021 年 1 月 7 日，锡盟站光 CT 在极寒天气下测量异常，导致极Ⅱ双换流器和极 I 高端换流器闭锁。

5.2.14 直流电流测量装置应开展温度循环准确度试验，户内部分试验温度为－10℃～＋55℃，户外部分试验温度为－45℃～＋70℃，在额定一次电流下误差不得超过规定限值。

5.2.15 测量装置应采取优化接地方式，完善外壳屏蔽，增加电源和信号端口的高频滤波、浪涌抑制等措施，提高测量装置的抗电磁骚扰能力。

5.2.16 测量装置应开展电磁兼容发射试验和抗扰度试验，发射试验满足 1 组 A 级限值要求；抗扰度试验评价准则为 A 级，其中静电放电抗扰度试验、射频电磁场辐射抗扰度试验严酷等级为 4 级。

5.2.17 为保证入网产品质量，应开展激光器、光电池、光源、光纤、光电探测器、光通信收发模块、光纤端子等关键元器件和整机的抽检试验，每批次产品应至少抽样一套关键元器件和一台整机开展抽检试验。

5.3 基建安装阶段

5.3.1 测量装置合并单元与屏柜应分批发货，避免环境对激光器件污染，导致测量异常。

5.3.2 直流测量设备厂家应提供站内所有光CT合并单元、电子单元的原始参数表，并完成参数核对，运维阶段如需开展参数修改，应履行相应的审批手续。

5.3.3 对于采用压电陶瓷调制方式的纯光CT，应开展调制电缆对地及芯间绝缘测量，避免因调制电缆绝缘故障导致数据无效告警或测量异常。

5.3.4 应通过插拔光纤、机箱断电、调试回路干扰等方式开展纯光CT的扰动试验，验证纯光CT是否存在自检逻辑不完善所导致的输出异常电流的问题。

5.3.5 测量装置光缆宜采用电缆沟布置。若光纤需穿管，应确保不同回路独立穿管，并做好防水措施，避免由于穿管进水结冰导致的测量异常。

5.3.6 测量装置光纤连接宜采用熔接方式，尽量减少法兰接头，光纤通道的总衰减损耗应小于2dB。

5.3.7 测量装置光纤现场熔接不应在雨天、风沙、雾霾等恶劣天气开展，宜采用防尘、防护罩，熔接时应确保熔接断面平整清洁，熔接后应进行8N拉力测试，测试后应检查是否断裂，熔接节点宜采用热缩管保护，覆盖光纤涂覆层区域宜大于2mm。

5.3.8 零磁通CT（如有）电子机箱饱和、失电报警信号应分别接入直流控制保护系统，用于测量异常逻辑判断。

5.3.9 零磁通CT（如有）绕组接线端子不应采用具有限压功能的稳压端子，避免测量电流突变时，绕组电压上升导致的稳压端子击穿。

5.3.10 采用电信号传输的直流分压器的二次分压板应安装在机箱内或安装时与屏柜采用可靠的绝缘措施，避免绝缘异常导致的直流电压跌落。

5.3.11 直流保护采用启动+动作配置方式时，启动和动作回路的零磁通CT（如有）电子机箱应完全独立，不得共用。

5.3.12 电压、电流测量装置应避免极性相关参数因断电丢失或修改，从而导致保护误动。

【释义】 2020年4月28日，阜康站负极带康巴诺尔换流阀进行OLT解锁试验时，线路保护（DLP）的B、C套检测到直流线路电抗器差动保护I段动作，经三取二逻辑后保护出口。

现场检查发现，两套直流线路保护DLPB、DLPC中直流线路电抗器差动保护两端电流IDB、IDL相位相反，且DLPA中IDL相位与DLPB、DLPC中IDL相位相反。经查证，阜康站系统调试期间，一次注流试验时DLPA、DLPB、DLPC波形中IDL的相位一致，注流时IDL极性正确。进一步分析发现张北工程光CT合并单元采用了GE第三代程序，当单电源上下电试验时，如写保护开关未置于写保护状态，配置参数可能会丢失或错乱，合并单元 B、C 套 IDL 相位反转即是因为单电源上下电过程中写保护开关未置于写保护状态，设置极性的参数 0x3F 丢失，引起差动保护动作。

4 月 29 日，对所有电流互感器电子机箱的写保护开关进行了关闭，避免相关参数断电丢失或修改，并对相关参数进行了备份检查。

5.3.13 测量设备的二次装置安装应在控制室、继电器室土建施工结束且通过联合验收后进行，防止装置及光纤端面受污染影响其长期稳定运行。

【释义】2020 年 4 月 25 日，昌吉站第一大组不平衡 CT 合并单元 2A 柜 H4 层合并单元 RTU6 激光器驱动电流异常，光 CT 激光器板卡 NR1125 因静电引起激光器失效，原因分析为工程调试期间现场环境灰尘较重，带电颗粒累积产生静电影响激光器长期稳定运行。

5.3.14 电流测量装置一次端子承受的机械力不应超过生产厂家规定的允许值，端子的等电位连接应牢固可靠且端子之间应保持足够电气距离，并保证足够的接触面积。

5.3.15 互感器安装时，应将运输中膨胀器限位支架等临时保护措施拆除，并检查顶部排气塞密封情况。

5.3.16 CVT 各节电容器安装时应按出厂编号及上下顺序进行安装，禁止互换。

5.3.17 测量装置传输光纤如采用熔接形式连接，应在熔接点配置热缩套管且可靠固定在密封连接盒内。

5.3.18 测量装置的光纤传输回路在光纤连接件插入法兰前，应使用专用清洁器对端面进行深度清洁，使用光纤端面仪检测光纤端面质量，防止端面污染引起光纤衰耗增大导致测量系统故障。

5.3.19 布置在户外的测量装置本体接线盒、调制箱应加装防雨罩。

5.3.20 直流分压器均压环的安装位置应合理，避免安装位置过低而导致设备外绝缘有效干弧距离过小。

【释义】2009 年 2 月 26 日，龙泉站极Ⅰ极母线直流分压器闪络导致单极闭锁，经分析为分压器顶部均压环与外绝缘表面的干弧距离过小。

5.3.21 新建直流工程直流场测量光纤应进行严格的质量控制：

（1）现场安装后，光纤衰耗应满足技术规范书或厂家技术文件要求，且衰耗较出厂值的增量不应超过 6dB。

（2）设计阶段需精确计算光纤长度，偏差不应超过 15%，防止余纤盘绕增大衰耗。

（3）光纤施工过程须做好防振、防尘、防水、防折、防压、防拗等措施，避免光纤损伤或污染。

5.4 调试验收阶段

5.4.1 应进行测量装置传输环节各装置、模块断电试验，光纤抽样拔插试验，检验单套设备故障、光纤通道故障时，不会导致控制保护误出口。

【释义】沂南站调试期间试验发现直流分压器用隔离放大器失电后，异常输出峰值为−3500kV 左右的反向电压，折合到隔离放大器实际输出值为−21V 左右，衰减时间为 3s 左右。

5.4.2 应开展测量设备精度检查，依据《直流互感器校准规范》（Q/GDW 11114）开展现场误差校准，误差校准点宜覆盖额定电压的 10%～100%，额定电流的 10%～600%。

【释义】2017 年 8 月 11 日，高岭站单元Ⅱ极控系统 A 华北侧交流直流功率差值出现越限报警信号，I_{d2} 的测量输出误差变大，由于极控系统控制直流功率稳定在 750MW 运行，而实际直流电流与额定值相差较大，导致实际直流功率小于极控系统计算直流功率。

5.4.3 应检查直流分压器低压臂接线端子连接情况，确保端子无松动或虚接。

【释义】2020 年 11 月 21 日，阜康换流站因直流分压器进线端子与信号线厂内安装不当造成接触不良，引起直流电压测量异常，中性线电压测量装置 U_{dn} 出现短时间波动，造成直流电压测量异常。

5.5 运维检修阶段

5.5.1 运行中的环氧浇注干式互感器外绝缘如出现裂纹、沿面放电、局部变色、变形，应申请停运。

5.5.2 CVT 电容单元如出现渗漏油，应申请停运。

5.5.3 气体绝缘互感器如出现严重漏气导致压力低于报警值，应申请停运。

5.5.4 电流测量装置本体、二次测量装置、就地接线箱等检修后，应检查确认 CT 极性。

5.5.5 带电投运前应进行测量回路接线端子、光纤紧固检查，防止连接不良。

【释义】2020 年 5 月 20 日，灵州站 7611SC 因 B 套电流端子轻微松动，受振动后跳闸。

5.5.6 应加强测量装置末屏接地引线（如有）检查、检修及运行维护。

5.5.7 应加强备用测量回路检查、检修及运行维护，确保备用测量回路完好可用。

5.5.8 电磁式电压互感器谐振后（特别是长时间谐振后），应进行励磁特性试验并与初始值比较，其结果应无明显差异。严禁在发生长时间谐振后未经检查就合上断路器将设备重新投入运行。

5.5.9 测量装置备品存放应严格执行设备厂家相关要求。年检时应检查零磁通电流互感器的接地回路，确认可靠接地。

6 防止交流侧晶闸管型耗能装置事故

6.1 规划设计阶段

6.1.1 耗能装置的额定容量应与换流站直流最大输送功率相匹配。

6.1.2 每相耗能晶闸管阀中必须增加一定数量的冗余晶闸管级，其中冗余晶闸管级个数应不小于12个月运行周期内损坏的晶闸管级个数的期望值的2.5倍，也不应少于3个晶闸管级。

6.1.3 每只晶闸管元件都应具有独立承担额定电流、过负荷电流（如有）及各种暂态冲击电流的能力。

6.1.4 耗能电阻如采用片状结构，应保证电阻片在大电流下的结构稳定，电阻排连接宜采用双铜排结构，防止因电阻片跨距较大造成耗能电阻设备故障。

【释义】2020年10月8日，中都换流站耗能电阻器652H组带电运行过程中存在声音异响。检查发现其中一个电阻排连接抽头片存在热熔断裂现象（见图6-1），经过故障复现试验，故障原因是因电阻带之间跨距比较大，耗能电阻在通流时电阻片受电动力影响发生了振动。后在电阻带间增加绝缘云母条固定电阻片，减小电阻片跨距，抑制电阻带的振动，同时加固电阻带连接处，使其充分接触贴合保证通流时的稳定可靠。

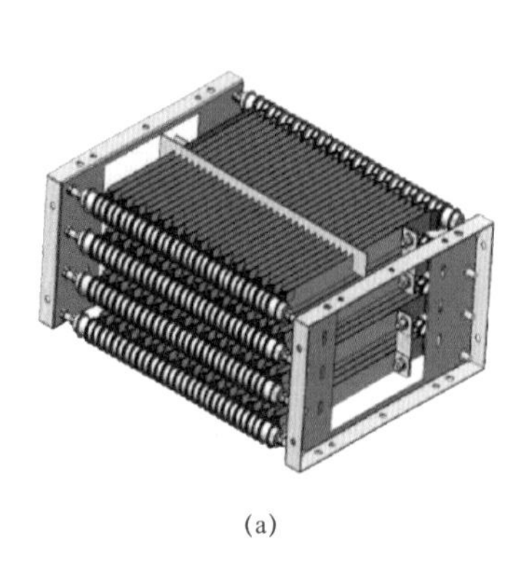

(a)

(b)

图 6-1　中都站耗能电阻器电阻排连接抽头片存在热熔断裂现象

（a）耗能电阻器结构示意图；（b）电阻排连接抽头断裂情况

6.1.5　应校验耗能电阻的动热稳定性能、承受短路电流的能力，并通过结构优化设计避免电热应力导致耗能电阻片振动或变形。

6.1.6　耗能电阻用瓷绝缘子，应具备良好的耐受冷热快速变化性能，防止耗能电阻因温度快速变化失效或故障。

6.1.7　耗能装置阀控系统应实现完全冗余配置，除光发射板、光接收板和背板外，其他板卡应能够在耗能晶闸管阀不停运的情况下进行故障处理。

6.1.8　耗能装置阀控系统应具备试验模式，该模式下可对处于检修状态的耗能晶闸管阀发触发脉冲，以进行晶闸管导通试验、光纤回路诊断等测试。

6.1.9　耗能装置阀控系统应具有独立的内置故障录波功能，录波信号包括阀控触发脉冲信号、回报信号、与直流控制保护系统的交换信号等，在耗能装置阀控系统切换或异常时启动录波。

6.1.10　耗能装置阀控系统应具有耗能装置投入时间保护功能，在耗能装置投入时间达到最大投入时间后，无论直流控制保护系统是否有退出命令，耗能装置阀控系统应闭锁耗能晶闸管阀、置该耗能支路不可用，直至达到冷却时间。

6.1.11　耗能装置阀控系统接口板及插件应具有完善的自检功能，在主用及备用状态均能上送告警信号；当出现处理器故障或测量输入异常等系统异常时应进行系统切换，防止误发跳闸命令。

6.1.12　耗能装置阀控系统与直流控制系统应采用交叉连接方式设计，处于运行和备用状态的耗能装置阀控系统与直流控制系统均接收和发送信号，由运行状态的耗能装置阀控系统出口。

6.1.13　每套耗能装置阀控系统应由两路完全独立的电源同时供电，一路电源失电，不影响耗能装置阀控系统正常运行。

6.1.14 耗能装置阀控系统电源应具有监视报警功能，单路电源中模块故障或外部失压时应提供后台告警。

6.1.15 耗能装置阀控系统电源冗余供电设计时，两路电源经变换器隔离耦合后直接供电，不宜再串接空气开关。

6.2 采购制造阶段

6.2.1 耗能变压器在生产制造阶段应检查确认三相阻抗的一致性，避免耗能变压器带电时因阻抗不一致引起系统较大扰动。

【释义】2020 年 4 月 13 日，中都换流站进行新能源与直流联合启停及功率升降试验时，在柔性直流换流阀解锁，1、2 号耗能变压器投入情况下，观察换流变压器网侧交流电压电流波形，发现耗能变压器投入后产生了三相幅值相位相同的基频零序电流，峰值约为 30A。分析判断耗能变压器零序电流产生的原因是耗能变压器为三相五柱式结构，由于变压器的“穿窗”效应，导致三相阻抗不平衡。现场将耗能变压器中性点（原本直接接地）加装成套隔离装置，零序电流基本消失。

6.2.2 耗能电阻应安装防雨罩防止雨水进入，防雨罩顶部应有坡度防止雨水聚集。

6.3 基建安装阶段

6.3.1 耗能晶闸管阀及阀控系统安装环境应满足洁净度要求，在耗能阀厅和耗能装置阀控设备间达到要求前，不应开展设备的安装、接线和调试。在开展可能影响洁净度的工作时，应采取必要的设备密封防护措施，耗能晶闸管阀宜采用防尘罩，耗能装置阀控屏柜及装置散热孔宜采用防尘膜。当施工造成设备内部受到污秽、粉尘污染时，应返厂清理并测试正常，经专家论证确认设备安全可靠后方可使用，情况严重的应整体更换设备。

6.3.2 耗能晶闸管阀塔安装过程中，应严格按打磨、力矩等工艺要求紧固接头。螺丝紧固后应进行标记，并建立档案，做好记录。

6.3.3 耗能装置安装完成后，应对所有连接部件进行紧固性检查，防止出现松动引起接触电阻过大而造成发热、故障、设备停运。

6.3.4　耗能晶闸管阀应采用阻燃光纤，阀塔光缆槽内应放置防火包，出口应使用阻燃材料封堵。

6.3.5　光纤施工过程应做好防振、防尘、防水、防折、防压、防拗等防护措施，避免光纤损伤或污染。

【释义】中都换流站耗能装置阀塔光纤光衰测试过程中发现有1处光衰超标，分析原因为安装敷设过程中，不小心碰到光纤头，造成光纤轻微破损，光衰变大，更换光纤头后光衰测试合格。在康巴诺尔换流站阀塔光纤光衰测试过程中发现有1处光衰超标，分析原因为安装敷设过程中，不小心碰到光纤，造成光衰变大，更换一根新的光纤后光衰测试合格。

6.3.6　应检查耗能装置阀控系统试验模式工作正常。

6.3.7　二次设备联调试验时，应做好耗能装置阀控系统保护功能与直流控制功能配合的联调试验，防止不同厂家设备的功能设置与设备接口存在配合不当。

6.3.8　耗能装置阀控系统保护性触发等保护配置、触发使能逻辑应正确。

6.3.9　加强耗能装置阀控软件的版本管理，软件修改若涉及耗能晶闸管阀的触发和保护等功能，必须提前要求厂家模拟现场各种实际工况开展全面仿真，调试或运维单位应根据需要进行现场试验验证。

6.3.10　耗能装置阀控屏柜选型应满足要求，屏柜通风、散热良好。

6.3.11　耗能装置阀控系统各功能板卡的连接、固定可靠，无松动。

6.4　调试验收阶段

6.4.1　耗能晶闸管阀元器件、光纤等选材满足防火相关要求，厂家应提供相关证明材料。

6.4.2　耗能晶闸管阀上所有光纤铺设完后，在未与晶闸管触发单元、耗能装置阀控系统等连接前应进行光衰测试，并建立档案，做好记录。光纤（含两端接头）衰耗不应超过厂家设计长期运行许可衰耗值，对超出许可衰耗值的光纤应进行更换处理；更换下来的光纤应拆除，或标记且进行等电位处理。

6.4.3　晶闸管触发单元、阻尼电容、阻尼电阻等元件应连接可靠，防止因连接松动导致设备放电故障。

6.4.4　确认接头直阻测量和力矩检查结果满足要求，检查螺栓紧固到位后画线标记，并建立档案，做好记录；运维单位应按不小于1/3的数量进行力矩和直阻抽查。

6.4.5 应验证耗能晶闸管阀试验模式工作正常。

6.4.6 耗能晶闸管阀供货时应配备功能完善、性能良好的阀试验仪，调试验收时功能验证正常。

6.4.7 检查耗能晶闸管阀控室、阀控屏防水、防潮措施到位。

6.4.8 对耗能装置阀控系统板卡、模块电源冗余配置情况进行断电试验，验证电源供电可靠性。

6.4.9 模拟全部耗能晶闸管阀及阀控系统事件信息，检查后台事件信息显示正确。

6.5 运维检修阶段

6.5.1 在检修期间，耗能阀厅大门应保持关闭状态，保持阀厅的密闭性，利用空调系统保持耗能晶闸管阀阀厅微正压状态。

6.5.2 应定期对耗能晶闸管阀塔内所有连接线、光纤槽盒、通流回路进行排查，检查是否有电化学腐蚀、断裂等情况。

6.5.3 耗能晶闸管阀首次带电时或检修后带电时应进行关灯检查，观察阀塔内是否有异常放电点。

6.5.4 运行期间应记录和分析耗能装置阀控系统的报警信息，掌握晶闸管、光纤、板卡的运行状况。当某相耗能晶闸管阀的晶闸管级故障数达到跳闸值－1时，应申请停运该耗能支路并进行全面检查，更换故障元件，查明故障原因后方可再投入运行，避免发生雪崩击穿或误闭锁（注：跳闸值为每相耗能晶闸管阀晶闸管故障数达到该值时耗能装置阀控系统请求跳闸）。

6.5.5 应定期对耗能晶闸管阀设备进行红外测温，建立红外图谱档案，进行纵、横向温差比较，及时发现设备隐患并利用停电时机进行处理，检修期间对耗能晶闸管阀塔内接头紧固情况进行检查，对存在问题的接头应按相应工艺要求加以处理。

6.5.6 耗能晶闸管阀正常运行及检修、试验期间，阀厅内温度应控制在50℃以下，相对湿度应控制在60%以下，如超过时应立即采取相应措施。

6.5.7 耗能电阻通风道应定期清理，防止电阻片运行产生的热量无法有效散出导致温度升高发热。

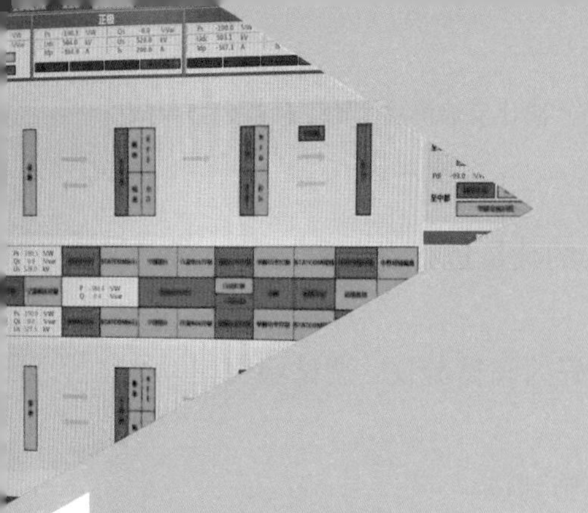

7 防止误操作事故

7.1 防止柔性直流启动/停运时误操作

7.1.1 顺控自动操作无法执行时，应暂停操作，待查明原因并处理后，方可按相关规定进行遥控步进或重新执行自动操作。

7.1.2 柔性直流换流阀带电后，严禁解除阀厅大门联锁进入阀厅。只有确认电容已充分放电，同时接地开关已合上时，方可进入阀厅。针对设置有检修通道的阀厅，需严格审核阀厅准入方案，确保运检人员与带电设备满足安全距离等要求。

7.1.3 柔性直流换流阀在交流充电完成后与系统解锁前，应确认启动电阻旁路隔离开关或旁路开关处于合位。

7.1.4 在不控充电阶段应监测是否存在“黑模块”，若出现“黑模块”应禁止解锁，待查明原因并处理后再进行操作，严禁带“黑模块”送电。

7.1.5 若换流变压器阀侧中性点接地电阻配置并联旁路开关，送电操作前应确保该开关处于分位。

7.1.6 解锁前应检查换流变压器分接开关三相档位一致，控制方式在自动，当前档位下的调制比在规定的范围内。

7.1.7 柔性直流系统正常运行时，直流侧并联的柔性直流换流器中仅有一个换流站处于“直流电压控制模式”。对于对称双极系统的柔性直流工程，解锁前应确认柔性直流系统中接地极已投入，或金属回线已连接，且一端可靠接地。

7.1.8 当环境温度过低，若换流变压器等一次设备具有低温启动要求时，应依据要求启动。

【释义】张北地区冬季气温严寒，曾出现－35℃～－40℃低温天气。中都换流站换流变压器检修后送电操作前，若油面温度低于－10℃时，需空载运行 12h，期间关闭所有本体风冷装置。待本体油面温度、储油柜顶层油温不低于 0℃后，方可进行后续带负荷操作。避免因换流变压器绝缘油温度过低导致绝缘效果降低。

7.1.9 装有中性点成套装置的耗能变压器，在高压侧断路器分合闸操作前，应合上成套装置隔离开关，待耗能变高压侧断路器操作完成且变压器本体状态稳定后，断开成套装置隔离开关。

7.1.10 系统调试阶段，柔性直流系统运行方式转换时，运行单位应严格执行调试指挥或调度指令，并复核操作顺序，必要时应开展仿真验证；柔性直流投运后，柔性直流系统运行方式转换时，运行单位应严格执行调度指令，操作顺序应经过现场带电调试验证，严禁执行未进行验证过的操作顺序。柔性直流电网中若有两个及以上接地点，在进行转入环网运行或者运行方式转换时，应避免接地点之间形成通流回路。

【释义】2021 年 12 月 11 日，在康巴诺尔—阜康双极端对端、中都—延庆站正极端对端运行转为四端联网运行操作过程中，康巴诺尔站执行中诺直流金属回线连接的指令，合 0002 开关后，阜康站接地电阻过流保护动作，导致四端停运。故障前中延金属回线流过约 1400A 的电流，此时阜康站、延庆站接地电阻均投入运行。中诺金属回线合环运行后，金属线层构成“阜诺金属回线—中诺金属回线—中延金属回线—延庆站接地电阻—大地—阜康站接地电阻”的闭合回路，此回路对中延金属回线电流进行分流，如图 7－1 所示，导致流过阜康站接地电阻的电流过大，接地电阻过流保护动作。

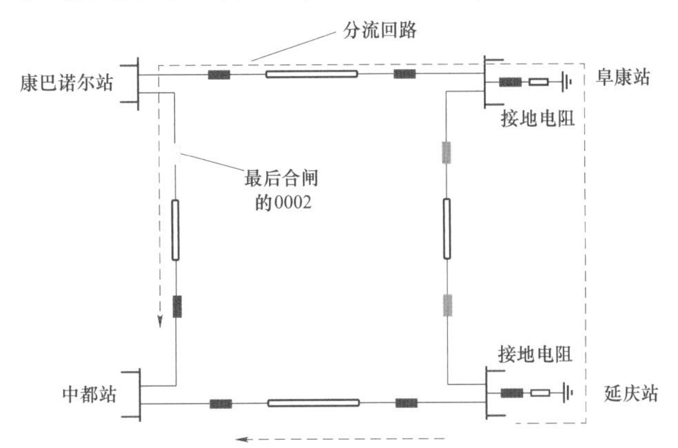

图 7－1 张北柔性直流电网四端金属回线电流分流回路示意图

7.2　防止柔性直流正常运行时误操作

7.2.1　在手动调整功率时，运维人员应核对功率输送方向、目标功率值和目标功率时刻，避免输送功率与计划不一致，或超出该运行方式下直流输送能力。

7.2.2　在使用半自动功率调整时，运维人员导入功率前应核对下发的功率点是否满足系统要求，导入后应核对功率调整时间、目标功率值、功率输送方向是否与计划曲线一致，计算速率是否合理，是否满足直流安全运行要求。若有多台 SCADA 主机有半自动功率曲线功能，应逐台全部核对上述内容。

【释义】2022 年 2 月 8 日，宜昌站按国调临时修改 2 月 9 日宜昌直流日调度计划曲线，在导入 2 月 9 日半自动功率曲线后发现 00:00 时刻功率值为 311MW，与 2 月 8 日宜昌直流日调度计划曲线 24:00 时刻功率值 308MW 不一致。经厂家检查发现为半自动功率曲线功能在导入多套日内计划曲线时，第一个调节点的原始功率存在异常。

7.2.3　在使用半自动功率调整时，若调度临时修改功率曲线，运维人员应在本站要求的最迟时刻前导入新的曲线，否则应退出半自动功率曲线功能，手动调整输送功率。

7.2.4　对于多端直流系统，调度端及站端应配置计划功率曲线校验功能，校核送受端功率平衡，避免直流电压控制站换流器过负荷。

7.2.5　阀厅空调系统运行时，严禁打开送风段、回风段及电加热段等柜门，避免工作人员被吸入设备。

7.2.6　孤岛模式下的柔性直流换流站运行期间，直流最大输电能力应不大于换流器的容量和可投入的耗能装置容量。

7.2.7　换流变压器出现“分接开关三相不一致”“分接开关不同步”等报警信息且不复归时，应汇报调度并暂停功率升降，待检查分析处理后进行下一步操作。

7.2.8　换流变压器分接开关故障处理过程中，应防止各相换流变压器档位相差 3 档及以上，以免保护误动作。

7.2.9　换流变压器分接开关挡位不一致时，首先通过远方手动操作等方式将异常相换流变压器分接开关挡位调至与正常相档位相同。异常相分接开关无法调节且与正常相挡位差达到 2 挡及以上，可调整正常相分接开关档位与异常相挡位相差 1 档，故障处理过程中应避免保护动作，必要时申请换流变压器停运。

7.2.10 换流变压器分接开关异常处理工作完成后，在分接开关控制模式由手动切换到自动之前，如果条件允许，在运行人员工作站上远方手动对该换流变压器分接开关同时进行一次升、降操作，确认分接开关调节功能正常。

7.2.11 换流变压器运行时禁止用摇把手动调节分接开关挡位。

7.3 防止柔性直流检修时误操作

7.3.1 换流变压器停电检修时，应断开事故排油系统的交、直流电源，并将消防灭火系统控制方式切换为手动。

7.3.2 对于柔性直流工程，单站控保系统涉及连跳其余站逻辑的检修工作，应在检修工作开始前确认 OWS 系统中检修状态压板、事故总信号压板已投入，专业班组安全措施已执行完毕，确保检修站与在运站互不影响。

7.3.3 检修完成后，应检查阀塔底部的阀冷却水管阀门在打开状态，阀塔顶部排气阀在关闭状态。

【释义】2020 年 5 月 15 日，施州换流站单元Ⅱ鄂侧阀控 A、B 系统发“A 相下桥臂 1 号阀塔漏水一级报警”“A 相下桥臂 1 号阀塔漏水二级报警”，13min 内膨胀罐液位由 61.2%降至 59%。阀厅转检修后进入阀厅检查发现为自动排气阀故障导致漏水，为避免后续由于自动排气阀故障导致系统停运，对比同类工程经验，在检修后应将排气阀关闭。

7.3.4 检修状态下，应采取可靠的隔离措施，防止跳闸保护误出口。

7.3.5 运维管理单位应事前评估分析检修（调试）设备和运行设备之间联闭锁关系，组织制定防止事故发生的安全隔离措施和技术防范措施。

7.3.6 运维管理单位应严格施工区域和运行区域的隔离管理，防止施工人员误入运行区域。

7.3.7 检修期间如进行了“置位”操作，检修结束后应清除“置位”并对控制保护系统进行重启，检查确认参数、定值已恢复正常。

7.3.8 除检修、调试期间外，直流控制保护系统正常运行时禁止“置位”操作，以防误“置位”破坏联锁关系导致设备损坏或停运事故。

7.3.9 柔性直流系统进行交流电压阶跃试验时，阶跃电压的目标值应避免引起相关保护动作。

【释义】2020 年 4 月 24 日，中都站在模拟正极柔性直流输出交流电压进行光伏并网逆变器高电压穿越试验时，将交流电压目标值从 230kV 提升至 276kV（1.2p.u.）后，经过 500ms 极 1 换流变压器过压保护Ⅰ段动作跳闸并执行极隔离，极 1 直流系统闭锁。试验方案中将交流电压上阶跃定值设置为 1.2p.u.，即从 230kV 提升至 276kV。由于换流变压器过压保护Ⅰ段动作定值为 1.2p.u.，故该试验定值设置未能合理躲过换流变过压保护定值，电压阶跃至 276kV 后经过 500ms（Ⅰ段保护延时）后出口跳闸。

7.3.10　对于设计跳闸压板的直流保护，在投入跳闸压板前，对装置跳闸信号复位，对压板两端对地电压分别进行测量和放电，且完成后立即投入压板，中间不得穿插其他操作，确保压板投入时不会导致保护误出口。

7.3.11　现场检修时若将 10kV 进线开关拖至试验位置，宜退出该开关对应上级电源，并保持 10kV 母线备自投及 400V 备自投处于投入状态。待开关检修完毕，恢复工作位置后，再恢复该开关上级电源。

7.4　防止故障处理时的误操作

7.4.1　直流控制保护系统故障处理时应确保对应冗余系统运行正常且在运行状态，故障系统应在试验状态，如有必要应退出相应出口压板（若有）。

7.4.2　直流控制保护板卡或主机重启前应评估对其他在运直流控制保护系统的影响，重点检查另外一套系统处于主用状态，以及本系统是否有跳闸信号等，采取必要安全措施。

7.4.3　直流控制保护系统故障处理完毕后，将系统由“试验”状态恢复至“备用”或“运行”状态前，应检查确认该系统不存在故障信息及跳闸信号。

7.4.4　故障处理时若需进行手动切换控制系统，操作前应确认目标系统所处状态，防止将系统切换至更为严重故障。

7.4.5　在低压直流系统中通过拉开馈线开关的方式排查直流接地等故障前，应充分考虑开关断开后果；若断开控制保护主机控制电源，应先确认另一条母线上控制保护主机冗余电源开关运行正常。